創見文化，智慧的銳眼
www.book4u.com.tw　　www.silkbook.com

創見文化，智慧的銳眼
www.book4u.com.tw　　www.silkbook.com

Changing With
The Internet

1本讀懂
互聯網＋

楊智翔 行銷管理專業顧問 、 陳亮 中國營銷管理諮詢顧問 / 著

國家圖書館出版品預行編目資料

1本讀懂互聯網+ / 楊智翔, 陳亮 合著.. -- 初版. -- 新
北市：創見文化出版, 采舍國際有限公司發行,
2017.05　面；公分--（成功良品；98）
ISBN 978-986-271-760-8(（平裝）

1.網路行銷　2.產業發展　3.趨勢研究

496　　　　　　　　　　　　　　106003997

成功良品 98

1本讀懂互聯網+

創見文化・智慧的銳眼

出版者／創見文化
作者／ 楊智翔、陳亮
總編輯／歐綾纖
主編／蔡靜怡　　　　　　　　　美術設計／蔡億盈

本書採減碳印製流程
並使用優質中性紙
（Acid & Alkali Free）
通過綠色印刷認證，
最符環保要求。

郵撥帳號／50017206 采舍國際有限公司（郵撥購買，請另付一成郵資）
台灣出版中心／新北市中和區中山路2段366巷10號10樓
電話／（02）2248-7896　　　　傳真／（02）2248-7758
ISBN／978-986-271-760-8
出版日期／2017年5月

全球華文市場總代理／采舍國際有限公司
地址／新北市中和區中山路2段366巷10號3樓
電話／（02）8245-8786　　　　傳真／（02）8245-8718

全系列書系特約展示門市
新絲路網路書店
地址／新北市中和區中山路2段366巷10號10樓
電話／（02）8245-9896
網址／www.silkbook.com

創見文化 facebook https://www.facebook.com/successbooks

本書於兩岸之行銷（營銷）活動悉由采舍國際公司圖書行銷部規畫執行。

線上總代理 ■ 全球華文聯合出版平台 www.book4u.com.tw
主題討論區 ■ http://www.silkbook.com/bookclub　　●新絲路讀書會
紙本書平台 ■ http://www.silkbook.com　　　　　　●新絲路網路書店
電子書平台 ■ http://www.book4u.com.tw　　　　　●華文電子書中心

華文自資出版平台　　全球最大的華文自費出版集團
www.book4u.com.tw　　專業客製化自助出版・發行通路全國最強！
elsa@mail.book4u.com.tw
iris@mail.book4u.com.tw

連結，改變一切的力量

近年來中國火紅的「互聯網＋」，你跟上潮流了嗎？

請先想像一下這樣的畫面：當你饑餓難耐時，拿起手機就可以下單訂購一隻美味的燒乳鴿，15 分鐘後，一台輕便靈巧的 smart 就停在你家樓下，車上走下一位頗具顏值的「鴿女郎」，為你遞上一隻最美味且傳遞了一種互聯網思維的烤乳鴿，你不僅可以與她合影，還可以在飽餐一頓前，在「朋友圈」曬美食照片分享給身邊的朋友。

這在以前是無法想像的餐飲體驗，有了互聯網＋，一切都成為可能。

世界上最遠的距離，不是天涯海角，而是你還沒明白「互聯網＋」是什麼，隔壁小許早已開始用它發展自己的事業了。

這烤乳鴿的品牌名字也頗有意思，叫作「放你鴿子」。

從名不見經傳到一「鴿」難求，廣州的「放你鴿子」只用了不到一個月的時間。

這就是「互聯網＋餐飲」的威力。

在日常生活中，淘寶是互聯網＋，Uber 也是互聯網＋，甚至在洗手間刷刷 LINE、FB 也屬於互聯網＋，所以，正如這本書的名字一樣，互聯網＋並不神秘，一本書就可以讀懂它。

互聯網（Internet），就是我們口中常說的網路。所謂「互聯網＋」，就是互聯網加到傳統行業中進行深度融合，是傳統產業創新的驅動力。

根據騰訊創辦人馬化騰對「互聯網＋」的解釋：「簡單地說，就是以網路平台為基礎，利用資訊通信技術與各行業進行跨界融合。」

「＋」指的是「連結」，即連結各行各業，也就是「互聯網＋某行

業」，如互聯網＋金融、互聯網＋製造、互聯網＋物流、互聯網＋醫療、互聯網＋教育、互聯網＋零售。目前市場上亦已產生多種「互聯網＋」產品或服務。例如——

- 「互聯網＋通訊」就是即時通訊，如 LINE、微信、QQ 等。
- 「互聯網＋零售」就是電子商務，如 Yahoo 超級商城、PChome 線上購物、淘寶、京東等。
- 「互聯網＋叫車」就是叫車服務 APP、「Uber 優步」等。

在「互聯網＋」時代，互聯網不僅僅是簡單的工具，而且已經成為一種新業態以及未來經濟發展的重要載體，這也催生了更多傳統的事物與互聯網快速融合、跨界融合，一個「＋」號，也充分說明它「融合」的這一特點。

「互聯網＋」的「＋」，包含了以下幾個概念：

1. 連結、聯盟、生態圈。如電商與百貨聯盟，如雅虎建立網路生態圈，都是一種＋。
2. 跨網路連結，如行動＋物聯網。
3. 產業互聯網化，運用互聯網的所有能力加速創新。
4. 連結一切，人可與世界各角落連結，突破時空障礙。如微信、臉書。

「互聯網＋」是以網路技術為基礎，用互聯網的哲學，互聯網的思維去指導一個產品或傳統行業如何做產品，改變它的產品體驗，改變它看待使用者的方式，改變它跟使用者的連接方式，改變商業模式，從而讓資源真正重新配置，產生化學反應甚至乘數的效果。

隨著行動網路（Mobile Internet，移動互聯網）的興起與普及，行動裝置讓消費者隨時 Online，資訊串聯，讓購物更輕鬆。越來越多的實

體、個人、設備都連接在一起了，改變了人們的生活。

　　現在幾乎人手一支手機，跨越了過去一定要有電腦才能購物的障礙，讓商品的流通更順暢。行動網路讓所有產業進入網路的成本變低，也讓消費者 always online（永遠在線上）。由於我們隨時、隨地，都連著網路，不論是透過手機、平板還是筆記型電腦，資訊無處不在，隨時隨地都能連結，吃飯、等公車、搭捷運的時候可以看手機新聞、讀電子書，連上廁所也能滑開手機看看朋友傳來的短訊，用 LINE 和 WeChat（微信）和家人朋友聊天。

　　十年前臉書 FB 的使用者才剛破 900 萬，而十年後的今天，FB 在台灣的活躍用戶數達 1,800 萬，其全球活躍用戶數已超過 16.5 億，比中國的人口還多了兩億多。在短短的十年內，網路世界成為大部分人的生活重心，互聯網＋已然滲透到人們生活中。對於一般人來說，懂它與不懂它只體現在生活細節上的不同，但若你是一位市場行銷人員，產品經理或者是公司老闆，「互聯網＋」分分鐘鐘就成了控制你職場或公司命脈的羅盤了。

　　無論是互聯網還是 IoT（物聯網 Internet of Things），最核心的本質，背後的力量都是——連結（Connection）。你要考慮你的產品如何能加入到連接的網路裡來，你的產品如何能真正把很多東西連在一起。這個東西可以是人，可以是企業，可以是任何事物，只有理解了連接，才會理解為什麼很多行業會被顛覆。「互聯網＋」的應用，為我們帶來新的改變、新的商業模式及產業衝擊……

　　邊看電視、邊滑手機，使得電視廣告效益大減，間接衝擊著廣告業、媒體業。自從有了 LINE、微信等通訊 APP 後，人們已經很少用手機發送簡訊了。以微信、LINE 為首的即時通訊 APP 大量蠶食了中國移動、

中華電信等電信營運商的傳統語音、簡訊業務，讓兩岸電信業者的簡訊服務業務大幅下滑。微信為什麼顛覆了電信營運商呢？因為微信改變了用戶和電信商之間的連接關係，它解決了我們每個人的連接問題。然而發生在電信業的故事，正在銀行業上演，也給傳統銀行帶來了極大的威脅。

筆者在與傳統企業的高層或大老闆打交道時，發現他們當中不少人還認為互聯網與自己所在的領域關係不大，自然而然地「不主動也不抗拒」，或者存在傳統企業會被互聯網企業取代的危機感，盲目抗拒。事實上，但凡忽視互聯網＋趨勢的企業，不是處於萎縮狀態，不然就是就坐以待斃，等著被收購或清算，這不是危言聳聽。

互聯網如同一種溶劑，幾乎與任何元素相加都能產生意想不到的化學反應，就像互聯網＋金融產生「支付寶」等金融軟體，互聯網＋計程車衍生出「滴滴」「Uber」等熱門軟體，互聯網＋購物甚至改變了一代人的購物方式，促使包括批發、物流等周邊產業鏈的發展。百度做了廣告的事，淘寶做了超市的事，阿里巴巴做了批發市場的事，臉書、YouTube做了媒體的事，LINE、微信做了通訊的事，不是外行打敗內行，而是趨勢幹掉規模，同時也是跨界與融合、虛與實、開放與合作、線上到線下模式滅掉單一傳統思維模式的事。

英特爾董事長曾經說過一句話：「未來只有一種企業——網路（互聯網）的企業」。

中國社群網站「人人網」創辦人王興說：「無論從事什麼行業，一旦你認為自己的行業跟互聯網（Internet）沒什麼關係，再過一、兩年這個行業就跟你沒關係了。」

你想成為淘寶的馬雲還是被滅掉的NOKIA？如果不懂「互聯網＋」，不做電子商務，就等著被淘汰！

馬雲說：「其實互聯網並不僅僅就是上一個網那麼簡單，我覺得未來機會，是共同合作，共同打造未來，互聯網經濟把虛擬經濟和實體經濟聯合一起。只有這兩個結合起來，才是真正的贏。未來的製造業也會發生巨大的變化，未來的機器會思考，未來的機器會講話會交流，未來的機器會想像，這是未來 30 年這個世界會面臨的巨大變化。」如果說工業 4.0、銀行 3.0、O2O、大數據、雲端運算、第三方支付、群眾募資……，這些對我們的生活、產業、商業模式帶來的一連串變革有一隻手在幕後推動，那麼，這隻手就是「互聯網＋」。

未來，網際網路中存在著如「互聯網＋」和「互聯網應用」等機會，而我們每天的食衣住行育樂所衍生出的各項產業，又如何與互聯網相加，創造無限商機與無限可能呢？

你現在的選擇，決定你未來的命運！我們必須要了解這波資訊潮流的脈動，因為不仔細了解，未來我們很有可能失去許多工作機會、失去站穩國際的產業，甚至連過去令人驕傲的經濟奇蹟。未來應該是屬於那些擅用「互聯網＋」跨界能力進行創新，在網路領域掌握傳統企業，在傳統產業掌握網路的人。

本書以通俗易懂的文字和豐富的圖表與案例，向讀者生動解讀了到底什麼是「互聯網＋」，企業應該怎樣去擁抱「互聯網＋」。深入淺出地介紹了互聯網時代的種種商業模式、經營思維和行銷策略，為讀者提供了大量可以借鑒的運作方法和實戰技巧，從而激發新的創新思維，打造出專屬的贏利模式。

身處「互聯網＋」時代，你要如何順勢而為，成為新時代的弄潮兒，必看本書！

第一章

「互聯網＋」
帶來無限聯想

Changing With
The Internet

「互聯網＋」巨浪襲來

站在「互聯網＋」的風口上順勢而為，會使中國經濟飛起來。

——中國總理　李克強

互聯網（Internet，互聯網是連接網路的網路，是目前世界上最大的電腦網路。臺灣翻譯成「網際網路」），作為一種普世的技術，以短短不到三十年的時間，改變了我們生活的各個面向，改變了產業的生態，也改變了我們做生意、經營事業的方式。隨著智慧型手機與平板電腦日漸普及，越來越多人不再是透過 PC 上網，而是透過手機等行動裝置上網，進而改變了許多廠商的商業模式。進一步觀察人們在網路中的活動與行為，網民們會使用手機收發電子郵件、閱讀新聞、即時通訊軟體、網路購物、使用網路銀行、地圖服務甚至線上求職。這都說明了越來越多人透過網路從事活動，當然也改變了人類的所有活動與日常生活。

隨著網路寬頻的高速發展，互聯網的發展速度非常驚人，尤其是中國，從中國各大互聯網公司走過的道路來看，現在互聯網的發展已經進入第三個階段。

第一階段：通訊時代

在有網路（互聯網）之前，數位化的資訊在電腦上是相互獨立的，無法實現快速的流通與傳播。有了互聯網以後，人們將存儲在電腦各個獨立的資訊連接了起來，於是形成了一個巨大的網路。也就是說，互聯

網的誕生顛覆了數位化資訊的傳播。從此以後，資訊的交流變得無與倫比地暢通起來。

數位化資訊的種類主要有文字、圖片、音訊和影片四種，它們的體積也是從小到大的，因此受制於頻寬，這一時期的互聯網基本是沿著文字、圖片、音訊、影片的軌跡而發展的。最早的文字和圖片時期，誕生了像 Yahoo! 奇摩、PChome Online 網路家庭、新浪、網易、搜狐等門戶網站。接下來的音樂和影片時期，成就了 YouTube、優酷、愛奇藝等。有了這些網站提供的基礎服務，廣大的網民可以盡情地享受著看新聞、聽音樂、看影片、玩遊戲的便利。

但是，這些便利絕大多數都是免費的，這讓整個行業入不敷出。早期的防毒軟體還都是要收費的，但中國的「360 安全衛士」的免費殺毒成功地關上了互聯網收費的大門，於是面向使用者的產品很難再找到收費的了。即便是後來的遊戲成就了盛大網路的陳天橋、網易（NTES）的丁磊，但取得的收入遠遠堵不上關上門所帶來的損失，整個行業處在一個入不敷出的尷尬局面。

第二階段：電商時代

　　純線上的互聯網讓整個行業入不敷出，也就是以 PC 為主的互聯網時代，此時互聯網高速發展，不過不少企業面臨的最大問題是如何賺錢。既然線上無法實現贏利，就需要考慮線下的營利，當時最簡單的辦法就是將線上的流量導給線下，也就是連接，從而產生了 O2O 的概念。零售作為市場經濟下自由買賣關係中最核心的環節，它是最能、也是最容易賺錢的領域，但主要的問題是，如何藉由網路切入到這個環節中去。

　　現在來看，這種切入方式有兩種：一是影響用戶決策，如愛評網、大眾點評、美麗說之類的網站或應用；二是促成使用者交易，如PChome、淘寶、阿里巴巴、博客來之類的網站或應用。與決策類的網站或應用相比，交易類的網站或應用更賺錢，因為它控制著現金流，直接影響著決策類網站或應用的發展。

因此大家都會優先選擇去做交易類的網站或應用，只有在沒辦法的情況下才會考慮去做決策類的網站或應用。

製造業最終的產物都是一個個標準的產品，便於交易，所以淘寶網誕生得早。而服務業的產物都是非標準的，很難直接做成交易，所以大眾點評慢慢悠悠地做了十多年，直到千團大戰（自 2010 年年初中國第一家團購網站上線以來，到 2011 年 8 月，中國團購網站的數量已經超過了 5000 家），狂熱的資本角逐讓網民們接受了一次消費的教育，大家發現吃喝玩樂也可以在網上購買，這才有了美團（美團是中國大陸地區第一個精品團購形式的類 Groupon 電子商務網站。美團網在中國各個地級市都設有分站，每天都會推出幾款超低折扣的本地精品消費的團購服務。）這種做交易的網站。

在這一階段，互聯網融合了傳統行業的零售，誕生了淘寶、美團等一批交易類的企業，也催熟了「美麗說」（「美麗說」是中國最大的女性時尚電子商務平台，致力於為年輕時尚愛美的女性用戶提供最流行的時尚購物體驗，擁有超過上億的女性註冊用戶，用戶年齡集中在 18 歲到 35 歲。）、「大眾點評」（「大眾點評」網是中國最大的城市生活消費指南網站之一。以三方點評為模式的主要針對餐飲娛樂的評論，分享資訊的平台。）等一批決策類的公司，為互聯網補足了血，整個行業欣欣向榮。同時，互聯網基本走完了第二個階段，阿里巴巴、京東的上市似乎為這個階段畫上了一個句號，此後在零售這個領域，也很難再有更大的想像空間。

第三階段：實體時代──行動網路的 O2O 時代

在這一階段，不再像第二個階段，只是做個平台，線上線下兩頭挑，充當的只是中間人的角色。在我看來，第三階段的關鍵在於行動網路（行

動互聯網）時代的來臨，主要體現線上的電商平台、行動裝置、手機平台和線下全國的門店系統的打通，也就是 O2O 的連接。就線下部分，在第三階段，只是和原來做線下的人相比，他們是從線上轉過去的，是用線上的玩法去做線下。他們深入到傳統行業的實體經濟中去，採用互聯網思維優化流程、提升體驗，使得最終的產品或者服務達到物美價廉的高水準。其中，最典型的案例就是小米，它帶動中國整個手機產業的升級，並將這種做法延伸到了其他行業。

這一階段的互聯網正在再造傳統行業的生產，這裡的生產包括設計、製造以及後續的服務等。把原有的傳統行業做得更加物美價廉、緊緊扣住用戶的需求，從而將消費者轉移到他們那去。因此他們不生產需求，只是需求的優化工。

從具體的執行來看，大致可以分為兩個流派，一種是品牌型，如小米、西少爺（是一家互聯網思維的小吃速食 O2O 公司，通過線下實體店、微信等提供服務）等，互聯網企業只是某一行業中一個具體的品牌商家，提供產品或者服務；另一種是平台型互聯網企業，像河狸家（河狸家已經開通美容、美甲、美睫、美髮、造型、健身等服務，是目前中國規模最大的美業 O2O 平台，讓你可以一打開手機 APP，就能在家等待美容師上門服務！）、阿姨幫（是一款 O2O 平台，為使用者提供日常的家政服務。客戶可以透過手機找到附近最合適的家政阿姨，並與阿姨直接確認服務時間和地點；預約後，客服將為客戶安排阿姨上門服務，服務完畢後客戶還可以對這次的家政服務評分。）等，打破原有仲介，自己做最大的仲介，媒合閒置的手工服務。採用的方法是盡量降低成本，如小米砍掉庫存、通路成本；再如河狸家砍掉實體店面成本，以此來確保能做到價廉；然後是提升產品或服務，如小米的MIUI，再如阿姨幫的培訓，以此來保證能做到物美。

互聯網的第三個階段已經開始，傳統行業種類龐雜，相差甚大，每一個行業都充滿著想像。這是目前整個社會所處的互聯網發展的階段又升級到行動互聯網的時代，也是在下一個十年，互聯網升級的大致方向，是我們稱為 O2O 的時代。

可以說，整個互聯網的進化，先是顛覆了數位化資訊的傳播，但是免費的服務無法盈利，於是就將目光瞄向了零售業，從此零售業也可以在網上進行了。阿里巴巴的上市鼓舞著新一代的創業者，他們正靠著自己所理解的互聯網思維對傳統行業發起攻擊，這正是我們現在所處的行動網路時代。

在未來，行動互聯網（行動上網）將逐漸形成物聯網與人聯網的綜合體，伴隨大數據對人與物的綜合分析，資訊技術行業更新換代速度將大大加快，消費者需要的不僅僅是商品，更是服務，這裡的服務不是單純的售後服務，而是基於大數據技術，企業對消費者本身的定期服務（包括生日問候，節日通知等）以及消費者對企業的及時回饋，這形成企業與消費者互利共贏的生態圈。可以說未來的發展模式可能朝著消費者引導企業變革，企業去適應消費者需求的方向發展。

行動互聯網時代還有一個最大的特徵是跨界，是行業大跨界的變革。整合資源將成為大型企業緊隨時代發展必備的技能。目前，騰訊平台可以玩商業，阿里巴巴可以玩金融，沒有哪個行業的壁壘是堅實的，我們需要的就是創造更優質的條件為消費者做出改變。

互聯網經濟，你開始卡位了嗎？

這是最好的時代，也是最壞的時代。

——狄更斯

所謂互聯網經濟，它是基於互聯網所產生的經濟活動的總和，在現在的發展階段主要包括電子商務、互聯網金融、即時通訊、搜尋引擎和網路遊戲五大類型。互聯網經濟是資訊網路化時代產生的一種嶄新的經濟現象。

二十多年前，互聯網行業剛剛興起，Yahoo!、新浪、搜狐、網易是那個時代的領頭羊，但那時互聯網（網路）只是作為「媒體」的概念，其價值在於方便使用者更便捷的資訊接收和交流。

當然，互聯網的作用不僅僅在於此，慢慢地，隨著其「連接」效應的滲透和迸發，互聯網突破原有的媒體局限，自己形成了電子商務、網路遊戲、影音網站、社交娛樂、行動網路等產業群體，同時在產業結構調整、營造新經濟格局方面發揮著全新的價值。淘寶網、團購網站、LINE、微信不管是商業模式選擇，還是給大眾帶來生活的改變，其意義都是非常深遠的。

 ## 互聯網經濟的模式

　　互聯網經濟模式具有三個特點：一是概括性，高度概括經濟中的基本性質；二是整體性，描述的物件是某個整體，而非其局部；三是聯繫性，它們的內容之間是有機聯繫的，而不是孤立的。

　　互聯網經濟模式可以按照目標群體與針對物件的不同劃分為以下幾種：

⮕ B2B ──企業對企業模式（Business To Business）

　　也就是公司對公司，這類模式的代表企業就是阿里巴巴網上貿易平台。阿里巴巴設有四個線上交易市場，協助世界各地的小企業尋找生意夥伴。四個網上交易市場包括服務全球進出口商的國際交易市場（alibaba.com）、集中國內貿易的中國交易市場（1688.com）、促進日本外銷及內銷的日本交易市場（alibaba.co.jp），以及一個專為小買家而設的全球批發交易平台「全球速賣通」（aliexpress.com）。在網上，買賣雙方企業能高效率、便捷地完成整個交易流程，網路交易平台讓買賣雙方的生產經營成本都大大降低許多。

⮕ B2C ──企業對個人消費者模式（Business to Consumer）

　　即公司對客戶，這種模式就是我們經常看到的供應商直接把商品賣給使用者的模式，其盈利點在於線下產品的銷售中間環節費用的降低，

同時經由網路提高商品銷量，甚至完全依靠網路只在線上進行銷售。代表企業有博客來、亞馬遜、京東、PChome 等。

➲ B2G ——企業對政府模式（Business to Government）

電子通關，電子報稅是商業對政府模式的典型案例或是政府機構在網上進行產品、服務的招標和採購。這類模式的特點是速度快和訊息量大。由於活動在網上完成，使得企業可以隨時隨地瞭解政府的動向，還能減少中間環節的時間延誤和費用，提高政府辦公的公開性與透明度。

➲ C2B ——個人對企業模式（Consumer to Business）

這種模式主要體現在代購、團購等網店或應用，如愛合購網、美團、AHHA 團購網、主題式合購網（Baby Home、HD 精油）等，其盈利點主要在於通過聚合眾多的個人形成一個強大的採購集團以改變個體消費者的弱勢地位，是個人與商家的雙贏模式。

➲ C2C ——個人對個人模式（Consumer to Consumer）

阿里巴巴旗下的網站淘寶網就是這一模式的典型代表，其盈利點主要在於個人之間商品的流通以及個人對閒置物品的處理等。

➲ O2O ——線上離線商務模式（Online to Offline）

這是一種線上行銷和線上購買帶動線下經營和線下消費的模式。O2O 通過促銷、打折、提供資訊、服務預訂等方式，把線下實體商店的消息發送給線上的網路使用者，從而將他們轉換為自己的線下客戶，也就是將虛擬網路上的購買或行銷活動帶到實體店面中，如台灣EZTABLE 或美國的 Opentable，特別適合必須到店消費的商品和服務，像是餐飲、健身、電影、美容美髮等。這個概念最早來源於美國，它非常廣泛，既可涉及線上，又可涉及線下。

互聯網經濟在中國生機勃勃

1994 年 4 月，中國正式接入國際互聯網，二十多年的時間，網路幾乎改寫了一切——無論是大眾生活、經濟脈動還是政治生態。

在互聯網剛剛興起的二十世紀九〇年代末，騰訊是第一批互聯網企業。當時，越來越多的人註冊 QQ，致使其伺服器不堪重負，於是馬化騰就想將 QQ 多賣給幾家代理商，但是很多投資者都拒絕了，甚至毫不客氣地質疑道：「這小東西還要 100 萬元？」「誰吃飽了撐的在網上聊天？還不如直接打電話。」但馬化騰義正言辭地說：「互聯網在未來肯定會成為一種潮流。」當年那些嘲笑他的人絕對想不到，2000 年同時上線人數還僅僅是 10 萬人的 QQ，在 2014 年 4 月 11 日這個數字已超過 2 億，而馬化騰所領導的騰訊，市值已突破 1000 億元。騰訊是目前電信營運商最大的競爭對手，這一「跨界思維」正是互聯網經濟優良基因所發揮的效果。

據《2016 年寬頻狀況》報告顯示，中國以 7.21 億上網人數成為全球第一大網路市場，印度則以 3.33 億人成為全球第二大網路市場。根據國際電信聯盟的最新統計數字，到 2016 年年底全球約有 35 億人使用網路，高於去年的 32 億人，相當於 47% 的全球人口。

市場研究機構 IDC 預估，未來五年之內完全透過行動裝置上網的人口，將會以每年 25% 的速度成長。也就是說，有些人會逐步捨棄透過 PC 桌機上網，而改為行動上網，隨時在線。

StatCounter 針對網路使用流量統計報告指出，其追蹤全世界超過 250 萬個網站的點閱數及來源，報告顯示，2016 年十月全球網路使用中，手機與平板等行動裝置已達 51.3%，桌機則佔 48.7%，全球使用行動上網首度超越桌機用戶。據 StatCounter 統計，台灣桌機上網佔 55.96%、行動裝置則為 44.03%。

而思科視覺網路指標（Cisco® Visual Networking Index，VNI）全

球行動數據流量預測（2015-2020 年）顯示，至 2020 年，全球行動用戶數量將達到 55 億，占全球人口的 70%。由於行動裝置的普及化、行動覆蓋範圍的快速成長和行動內容需求的急速攀升，在未來五年內，行動裝置用戶的成長速度將比全球人口的成長速度快兩倍。

財團法人台灣網路資訊中心（TWNIC）公佈「2016 年台灣無線網路使用調查」結果顯示，國人使用行動上網比率高達 72.6%，較 2015 年的 67.8%，增加了 4.8 個百分比，人數增加 105 萬，顯示使用行動網路呈現持續上升趨勢。TWNIC 指出，行動上網使用者上網原因以「可以即時查詢資訊」比率最高，占 62.0%，其次為「可以隨時與朋友交談聯絡」，占 27.5%，「無聊打發時間用」，占 21.4%。

中國互聯網絡資訊中心（CNNIC）發表報告指出，中國網民的人數已經超過總人口的一半，其中九成的網民使用手機上網。據報告顯示，截至 2016 年 12 月，中國網民規模達 7.31 億，手機網民規模達 6.95 億，保持快速成長，連續三年成長率超過 10%。同時，由於手機不斷擠占其他個人上網設備的使用，桌上型電腦、筆電的使用率均呈下滑趨勢。

2016 年中國手機行動支付用戶規模成長迅速，年成長率為 31.2%，網民手機行動支付的使用比例由 57.7% 提升至 67.5%。手機行動支付向線下支付領域的快速滲透，有 50.3% 的網民在線下實體店購物時使用手機支付結算，出門「無錢包」時代悄然開啟。

截至 2016 年 12 月底，中國境內外上市互聯網企業數量達到 91 家，總體市值為 5.4 萬億人民幣。其中騰訊公司和阿里巴巴（Alibaba）公司的市值總和超過 3 萬億人民幣，兩家公司作為中國互聯網企業的代表，占中國上市互聯網企業總市值的 57%。中國企業使用電腦辦公的比例為 99.0%，使用網路的比例為 95.6%，透過接入固定寬頻使用網路的企業比例為 93.7%、行動寬頻為 32.3%。

中國現在是世界最大的互聯網零售市場，2016 年的銷售額接近 9000 億美元，接近全球零售電子商務規模的一半（47.0%）。中國電子商務市場蓬勃發展得益於國內電子商務巨頭阿里巴巴（Alibaba），其主導著中國線上購物市場，佔據了中國電子商務行業的 80% 以上。

互聯網經濟無論是在規模上，還是在增速上，都已經成為中國 GDP 的重要驅動力。目前，跨境電商行業仍處於快速成長階段，未來將佔據更加重要的地位。京東、蘇寧、聚美優品、唯品會、一號店、順豐優選等電商平台也紛紛推出自己的海外購物項目，一場熱戰已經開啟。電商全球化，勢在必行。

從以下 2016 全球上市互聯網公司市值排行榜 TOP10 顯示，全球互聯網公司中，蘋果（Apple）公司市值高居榜首，達 6140.13 億美元，並遙遙領先領先第二名的 Google，Google 總市值達 5455.49 億美元，其次是微軟、亞馬遜、Facebook。中國的互聯網公司中，BAT 排名尾隨 Facebook 之後，但可以看出的是，百度的市值明顯落後於阿里巴巴、騰訊。阿里巴巴、騰訊市值均超過 2500 億美元，百度僅為 650.71 億美元，其次是京東、網易，足見其強勁的發展勢頭。

2016 全球上市互聯網公司市值排行榜 TOP10

排名	股票名稱	總市值（億美元）
1	蘋果	6140.13
2	谷歌	5455.49
3	微軟	4522.00
4	亞馬遜	3928.74
5	Facebook	3711.05
6	阿里巴巴	2713.61
7	騰訊	2644.08
8	百度	650.71
9	京東	363.84
10	網易	322.87

　　儘管互聯網已改變了零售業的格局，但在其他傳統行業或者重要部門，如製造業和醫療業，互聯網帶來的改變遠沒有那麼大。所以，未來的幾年裡，在「互聯網＋」大政策的推動下，傳統行業或許將從根本上改變其商業模式，政府、事業單位與互聯網的連接也會越來越緊密。

　　互聯網金融的快速發展、媒體與互聯網技術的高度融合、大數據技術的全面興起，將深刻地影響著我們的生活。

互聯網經濟未如此重要過

　　全球著名的管理諮詢公司麥肯錫曾做過一項研究預測：到 2025 年，互聯網經濟將在中國的 GDP 總體成長中佔據 22% 的佔有率。這份報告指出，是否能實現這一預言，將取決於政府創造有利政策環境的能力、企業實現數位化的意願以及勞動者的適應能力。

　　近幾年中國網路圈內的企業發光發熱，這從阿里巴巴在美國 IPO 的盛況即可一窺一二。至於中國政府的態度，更不用說了，長期以來，中國始終高度重視互聯網企業的發展。中國總理李克強曾多次表示，推動「互聯網＋」是中國經濟轉型的重大契機，勢必將深刻影響重塑傳統產業行業格局。在部署「互聯網＋」的國務院常務會議上，李克強說：「我們過去常說，在資訊尤其是互聯網領域，發展中國家和發達國家站在了同一條起跑線上。現在，我們很可能就站在這樣一條起跑線上。」並明確要求相關部門要為互聯網、大數據、雲計算、物聯網等相關高科技企業發展提供更有力的政策支援。說明政府對互聯網的理解加深，互聯網在政府心目中已經升級為國家級主導產業。不僅如此，政府對電商巨頭阿里巴巴、搜尋引擎第一把交椅百度和社群媒體巨擘騰訊也寄予厚望，希望它們能重新組織市場、更有效地對接供給與需求。這可以從中國政府的「互聯網＋」計畫中可以看出，該計畫就是根據騰訊馬化騰的一項

提議提出來的。馬化騰不久前表示：「我們希望利用互聯網平台以及資訊通訊技術將互聯網和各行各業，包括傳統行業結合起來。」

在中國積極發展「互聯網＋」的策略下，網路產業成長迅速，包括電子商務、協力廠商支付、大數據等方面已居全球領先地位，目前更在5G標準制定和金融科技等方面與歐美一爭高下，網路產業實力可見一斑。值得注意的是，中國在「十三五」規劃和「中國製造2025」國家戰略中，均將「互聯網＋」列為重點發展項目，便是希望藉由互聯網拉動各產業的轉型升級。

繼成立「大基金」扶持本土半導體產業後，中國政府再組「國家隊」推動網路產業升級。由中國網信辦、財政部主導的「中國互聯網投資基金」，計畫籌集1,000億元人民幣，協助互聯網產業進一步創新和市場化。據新華社報導，中國互聯網投資基金將以「專注專業、引導引領、扶優扶強、共用共贏」的投資理念，聚焦在互聯網重點領域，透過市場化方式支援互聯網創新發展。

中國代表性社群網站「人人網」創辦人王興說：「無論從事什麼行業，一旦你認為自己的行業跟互聯網（Internet）沒什麼關係，再過一、兩年這個行業就跟你沒關係了。」呼應了多年前英特爾（Intel）總裁葛洛夫（Andy Grove）曾說出大膽的預言：「未來將沒有網路公司，因為所有的公司都是網路公司。」

自2010至2015年，全球最重要的新興產業非Mobile Internet（行動網路、移動互聯網）產業莫屬。跨國科技企業諸如Apple、Facebook、Google……等巨頭，乃至於新創企業如Instagram、LINE……皆因智慧型手機迅速普及、4G上網環境健全的大環境下，從軟體與服務開始著手，更進一步開創跨國生態系統，創造上億用戶規模與鉅額產值。

目前全球前十大市值高科技企業，多數皆是能夠成功打造軟體平台

與生態系統，硬體只是陪襯。

　　未來存在著如「互聯網＋」和「互聯網應用」等機會，「互聯網＋」的推出帶動更多的跨界融合，傳統產業與資訊產業互聯互通，相互融合，產生了新的市場需求，新的力量和再生的能力。在以智慧家居、穿戴式裝置、 汽車和運動市場為物聯網發展的今天，未來在物連網的發展上，將屬於醫療照護、汽車及智慧城市，其中潛藏的商機將超過 1 兆美元。而我們每天的食衣住行育樂所衍生出的各項產業，又如何與互聯網相加，創造無限商機與無限可能呢？緊扣網路趨勢固然重要，但更大關鍵在於，如何加入獨特創意和想像力，全方位滿足客戶需求。

互聯網思維是你的挑戰與機會

互聯網思維就是：專注、極致、口碑、快！

——雷軍

　　互聯網（internet，我們俗稱的網路）是人類最偉大的發明之一，作為一種普世的技術，以短短不到三十年的時間，改變了我們的生活，改變了人類世界的空間軸、時間軸和思想維度。中國接入互聯網二十多年來，已發展成為世界互聯網大國，不僅培育起一個巨大的市場，也催生了許多新技術、新產品、新業態、新模式，創造了上千萬就業機會、創業者，很多人，特別是年輕人、大學生因此實現了事業夢、人生夢。改變了產業的生態，也改變了我們做生意、經營事業的方式。

　　近年來，兩岸席捲一股「互聯網＋」風潮，不但媒體熱炒這個話題，網路創業也喜歡和「互聯網＋」扯上關係。但是，「互聯網＋」到底是什麼？「互聯網＋」的本質是「無所不在的連結」，因此「網路產業」一詞已經不再具有意義，所有的行業，不管是企業還是個人，原有的力量與資源，都可以因為某些「連結」而產生「相乘」的變化。筆者始終認為互聯網突破的既是科技革命，又是思維變革。最初，互聯網是通訊工具、新媒體，如今，互聯網是大眾創業、萬眾創新的新工具。只要「一機在手」「人人線上」，「電腦＋人腦」融合起來，就可以藉由「創客」「眾籌」「眾包」等方式獲取大量知識資訊，對接眾多創業投資，引爆無限創意。

這些科技革命，必然會帶來思維的變革，網路化、行動化不斷地洗禮著人們的大腦，互聯網思維更是不斷深入人心。

最早提出互聯網思維的人

最早提出互聯網思維的人是百度創始人李彥宏。

2007 年，李彥宏在接受《贏週刊》的採訪時說：「以一個互聯網人的角度去看傳統產業，就會發現太多的事情可以做。把在互聯網人精髓裡磨練出來的經驗帶到傳統企業去，會得到很大的投資回報。」

2011 年，在百度聯盟峰會上，李彥宏說：「在中國，傳統產業對於互聯網的認識程度、接受程度和使用程度都是很有限的。在傳統領域中始終存在一種現象，就是他們……『沒有互聯網的思維』。」他說：「我們這些企業家們今後要有互聯網思維，可能你做的事情不是互聯網，但你的思維、想法要逐漸從互聯網的角度去想問題……」，可以說這是中國企業家第一次在正式場合提到「互聯網思維」一詞。

2014 年，在「中國民營經濟論壇」上，李彥宏說：「中國很多行業用互聯網思維方式再做一遍，會比美國傳統行業的做法更先進、更有效，更對消費者有利，更有益於社會進步。」

從雛形到正式提出，再到呼籲普及，互聯網思維脈絡非常清晰。現在，互聯網思維也從最初的中國企業家口中的時髦新詞，成為企業制定戰略的重要思考方法。

毫無疑問，互聯網思維是當下互聯網經濟時代必備的思維，從目前互聯網在中國發展得如此發光發熱，證明了互聯網已經深入到各個行業中去，並且傳統行業對互聯網的思考也開始更當一回事。

幾年過去，經過許多人的演繹和擴充，現在這個名詞的解釋變得豐富和多元，網路上隨便搜尋一下，都可以找到一堆書籍和資料。但是，

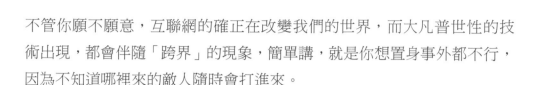

不管你願不願意，互聯網的確正在改變我們的世界，而大凡普世性的技術出現，都會伴隨「跨界」的現象，簡單講，就是你想置身事外都不行，因為不知道哪裡來的敵人隨時會打進來。

原本我們對產業邊界的劃分方式是根據產品，做手機的就是手機公司，做汽車的就是汽車公司。但是未來不見得是這樣的邏輯。未來會出現很多跨界打劫的企業，在傳統企業用來賺錢的領域免費，就能徹底把傳統企業的客戶群帶走。幾年前，每到跨年 12 月 31 日晚上，大家不是忙著發送手機簡訊跟客戶親友表達祝福與恭喜，但是現在有 LINE、微信、Facebook Messenger 等免費工具，誰還要發要花錢的簡訊呢？忽然之間，電信公司簡訊這個業務就莫名其妙給人搶走了！當網路外賣變成生活的一部分，選擇變多了，便宜又快速，誰還想在家吃普通的泡麵，誰能想到像康師傅這樣的企業，竟然是敗在來自於「跨業」的網路外賣之手。

互聯網思維是我們都需要懂得的思維，因為我們身處互聯網高速發展期，即使你不想瞭解互聯網思維，互聯網也會顛覆你的生活習慣，甚至思考方式。我們要做的就是去理解互聯網到底帶來了哪些改變？並調整自己的思維，順應趨勢，擁抱這些改變。

所以，與其被動接受，不如主動學習。

到底什麼是互聯網思維？

對於互聯網思維這個熱詞，雷軍、馬化騰、馬雲等互聯網企業家都對其有不同的定義和解釋。在我的培訓中，我總是這樣向學員解釋互聯網思維：

互聯網思維就是在行動互聯網、大數據、雲端運算等技術不斷發展的背景下，對市場、使用者、產品、企業價值鏈乃至對整個商業生態進

行重新審視的思考方式。互聯網思維需要你改變很多傳統的觀念，順應互聯網發展趨勢，站在消費者角度，利用網路引導消費者消費，最大限度滿足消費者體驗的思維觀念。

互聯網思維是在搜尋引擎、網路購物、網路行銷、網路傳媒等互聯網相關行業相繼高速發展下引發的一系列思維變化的觀念，它改變了消費者與生產者的關係地位，引導著消費者主權時代的到來。

在我的培訓課程中，小米手機的案例經常被拿來與學員一起分享，原因在於小米用互聯網思維顛覆了傳統產業，是「互聯網＋」時代典型的代表。

小米科技創辦人雷軍曾提出的「專注、極致、口碑、快」互聯網思維七字訣。其實，小米的一切努力只為一個目標──「粉絲文化」，如下圖所示。

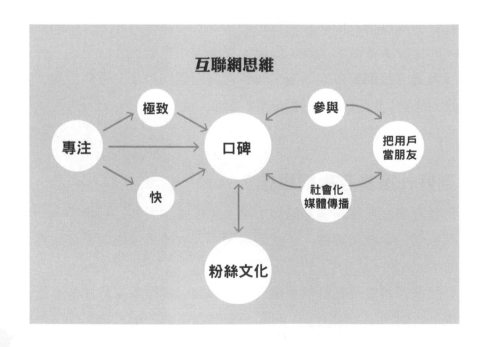

小米手機完全是用互聯網思維運作的企業：透過互聯網開發、互聯網銷售，其商業模式也是「互聯網化」的。

在行銷中，小米手機採用了網路銷售模式，不設線下實體通路，只在網上銷售，最大限度地減少中間通路的成本，大大降低了價格門檻。小米從不採用廣告投放這一類的傳統方式，而是更注重和用戶之間的溝通，進行口碑傳播。正如雷軍所說：「我不在意最終的銷售數字，最重要的是用戶滿意度，如果大部分用戶不滿意，那麼賣出去多少台小米手機也沒有意義。」

小米注重用戶參與，鼓勵它的四、五百萬用戶，甚至全球用戶一起參與整個手機設計。把用戶當朋友，而非上帝。當你擁有足夠多的使用者之後，盈利模式指日可待，這就是互聯網思維的落腳點，也是互聯網的商業邏輯。雷軍深諳互聯網強大的粉絲力量，泡小米論壇已經成為他的一種習慣；傾聽「米粉」的聲音，成為雷軍每日的必修課。當產品以及服務的使用者體驗得到極大的提升之後，雷軍成功地生產出互聯網經濟下的市場需求產品和品牌，再利用互聯網進行行銷和銷售，製造饑餓行銷，讓小米品牌的口碑進一步擴張。

小米模式的成功離不開互聯網，首先它是在互聯網時代、互聯網經濟全面興起的大環境下實現的，而最關鍵的是小米用互聯網所特有的思維方式進行產品研發和行銷，讓口碑借助強大的互聯網平台進行廣泛而有效地傳播，同時通過用戶體驗將互聯網用戶轉化為粉絲經濟，粉絲的狂熱鑄就了小米的互聯網帝國之夢。

互聯網最大的特點是什麼？在我看來最大的特點是，這張無形的網路讓全世界的人可以根據需要實現快速、便捷的連接，使得每個人都可以毫無阻礙、毫無門檻地進入到互聯網這個大世界。也就是說只要你的東西貼近消費者（用戶），在消費者之中流傳，那麼就一定能受到消費

者或用戶歡迎，就能膾炙人口。所以，誰能將對群眾路線的理解應用到
互聯網領域，誰就找到了獲得關注的法寶。整體來看，互聯網思維所注
重的是：用戶體驗的提升，流量帶動營收，資料驅動運營，產品資訊快
速反覆運算，平台趨於基礎功能免費、增值服務收費的模式。

第一、用戶思維

　　重點在：參與及體驗。用戶思維即在價值鏈各個環節中都要「以用
戶為中心」去考慮問題，什麼都以顧客為中心，以顧客作為核心價值來
考量。要做到「用戶至上」就要用「同理心」來換位思考，進入並瞭解
用戶的內心世界，因為只有深度理解用戶才能生存。商業價值必須要建
立在用戶價值之上。例如，小米開發 MIUI 時，讓小米的粉絲參與其中，
讓粉絲們提出建議和要求，由工程師改良，這大大地滿足了用戶的參與
感與自我認同感。小米上從領導到員工都是客服，都與粉絲持續對話，
所以能及時解決問題。讓用戶參與產品開發，便是 C2B 模式。通常有兩
種情況，一種情況是按需定製，廠商提供滿足用戶個性化需求的產品即
可，如海爾的定製化冰箱。另一種情況是在用戶的參與中去優化產品。

　　任何互聯網產品如果脫離了使用者終將註定是以失敗而告終。試問：
當我們在做任何一款產品開發設計之前，是不是都得先做好用戶研究分
析，用戶需要什麼我們就提供什麼。同時在產品開發時，都得站在用戶
使用是否「方便」、「快捷」、「需求」的角度出發，而不是閉門造車
搞一套多新奇創新的功能卻是用戶不需要的。那麼這些功能開發出來都
是一堆廢品！用戶不想懂、也不想管你採用了多新進的技術開發的，使
用者只在意你的產品使用是否方便、是否能快捷找到所需，是否合用，
這才是用戶所關注的。

　　讓用戶參與品牌傳播，便是粉絲經濟。粉絲不是一般的愛好者，而

是有些狂熱的癡迷者，是最優質的目標消費者。因為喜歡，所以喜歡，喜歡不需要理由，一旦注入感情因素，即使有些不完美，還是會喜歡。就是讓粉絲自發地為你的產品宣傳，為你的產品代言。我們需要的是粉絲，而不只是用戶，因為用戶遠沒有粉絲那麼忠誠。

體驗為王，就是要給用戶與眾不同的體驗，給用戶創造驚喜，要讓他們有美好或驚艷的購物體驗。用戶體驗至上的核心是，不是你做了什麼，而是讓用戶感受到了什麼？用戶體驗是一種純主觀、在用戶接觸產品過程中建立起來的一種感受。好的用戶體驗，應該從細節開始，並貫穿於每一個細節，這種細節能夠讓用戶有所感知，並且這種感知要超出用戶預期，給用戶帶來驚喜。所以我們要認真思考：用戶從接到包裹到使用產品的每一個環節都會做什麼？用戶需求是什麼？除了滿足用戶需求還能提供什麼？如果用戶的體驗是美好的，用戶就會增加、流量就會提升，就能吸引更多的產業鏈合作夥伴，然後提供的產品和服務就會更加豐富，消費者就有了更多更好的選擇，就會進一步提升用戶體驗，從而形成業務發展的良性循環。

第二、數據思維

以數據為核心來思考問題，解決問題。意思就是要我們相信數據、相信事實、相信證據，而不是單憑自己的經驗和直覺瞎猜。

「缺少數據資源，無以談產業；缺少數據思維，無以言未來」。數據是人工智慧的基礎，也是智慧化的基礎，數據比流程更重要，資料庫、記錄資料庫，都可開發出更深層次的訊息。雲計算可以從資料庫、記錄資料庫中搜尋出你是誰，你需要什麼，從而推薦給你需要的資訊。

用戶在網絡上一般會產生三種數據：訊息、行為、關係。例如用戶登錄電子商務平台，會註冊郵箱、手機、地址等，這是訊息層面的數據；

用戶在網站上瀏覽、購買了什麼商品⋯⋯這是屬於行為層面的數據；用戶把這些商品分享給了誰、使用什麼付款方式⋯⋯而這些是關係層面的數據。對於這些數據進行收集與分析有助於企業進行預測和決策，數據能告訴我們：每一個客戶的消費傾向，他們想要什麼，喜歡什麼，每個人的需求有哪些區別，哪些又可以被集合在一起來進行分類。例如：亞馬遜網路書店，只要在它的網站買書，就會看到大家已司空見慣的推薦，買了這本書的人還買了什麼書，後來發現相關推薦的書比我想買的書還要好，時間久之後就會對它產生一種信任。

在互聯網和大數據時代，客戶所產生的龐大數據量使行銷人員能夠深入瞭解「每一個人」，而不是「目標人群」。就能更精準地針對個性化用戶做精準或客製化行銷。美國有一家創新企業 Decide.com，它可以幫助人們做購買決策，告訴消費者什麼時候買什麼產品，什麼時候買最便宜，預測產品的價格趨勢，這家公司背後的驅動力就是大數據。

第三、流量思維

有流量才有價值，流量即金錢。

對於傳統行業來說，流量會影響銷量，在互聯網行業裡，流量就是效果的保障。互聯網產品最重要的就是流量，即使有好的產品以及好的模式，如果沒有流量，就沒有機會轉化成金錢。如果沒有巨大的流量，想要實現大客戶量，顯然是不可能的。因為有了流量才能夠以此為基礎構建自己的商業模式，所以說互聯網經濟就是以吸引大眾注意力為基礎，去創造價值，然後轉化成贏利。流量也會促進客戶自發購買，因為客戶或多或少都有從眾心理和優越感的需求。互聯網企業就是利用客戶的從眾心理來擴大產品的客戶群，以吸引更多的客戶。美國流量資訊網站 Alexa 曾就各大入口網站的訪問流量與經濟價值進行深入分析，結果顯

示某個網站的流量越大，該網站的商業價值就越大。這種價值初期表現在該網站的廣告費用及網頁版面收入上，也就是說，一個產品只有在有了流量，才能夠衡量其價值，而流量越大，價值也就越大。

很多互聯網企業都是以免費、好的產品吸引到眾多用戶，他們大多不向用戶直接收費，而是用免費策略極力爭取用戶、鎖定用戶。然後透過新的產品或服務給不同的用戶，在此基礎上再建構商業模式。比如360 安全衛士、QQ 用戶、淘寶、百度都是依託免費起家。看看騰訊的QQ，因為免費，才有幾億的市場，因此，巨大的流量是價值的最好體現，沒有足夠多的客戶，就不會有足夠多的購買。也就是說，通常免費是為了更好地收費，免費模式主要有兩種：1. 基礎免費，增值收費；2. 短期免費，長期收費。

任何一個互聯網產品，只要用戶活躍數量達到一定的巨量，往往會給該公司或者產品帶來新的「商機」或者「價值」，因為流量是促成客戶購買的基礎，也就是說，一款產品如果沒有流量，就失去了客戶的關注，也就失去了客戶可能存在的購買。流量的本質是大用戶量和優秀的服務，更是客戶習慣。它需要長期的營運，需要深耕用戶行為習慣，日積月累。因此，流量能夠幫助快速收集用戶，而留下用戶，讓用戶認定你，則需要極致的服務和體驗。

第四、平台思維

互聯網領域的競爭，已經進入平台化競爭的階段，目前互聯網上的大企業，幾乎都是平台型互聯網企業，如騰訊、阿里巴巴、百度、攜程、去哪兒等，它們都是靠平台以迅雷不及掩耳之勢壯大發展起來的。互聯網的平台思維就是開放、共用、共贏的思維。平台模式的精髓，在於打造一個多主體共贏互利的生態圈。平台模式最有可能成就產業巨頭，全

球最大的 100 家企業裡，有 60 家企業的主要收入來自平台商業模式，包括 Apple、Google 等。

平台思維的核心是「開放、共贏、生態圈」。基本原理是經由平台的搭建，快速整合資源，有效地降低通路成本，強化客戶的消費體驗，以形成賣方，消費者、平台方的多贏局面。因為開放可以吸引來海量的資源和合作者；追求共贏可以讓這些合作者都受益，使合作更長久，資源聚集得更多；最後形成生態圈，可以使企業產生更大的商業價值。也就是大家經常說的「我搭台眾人唱戲」「先利他再利己」、「羊毛出在豬身上」的概念。如阿里巴巴，它只是提供了一個開放的電子商務平台，並不斷地完善這個平台。而這個平台吸引了海量的買家和賣家，賣家通過這個平台可以將生意做到全國甚至全世界，從這個平台賺到更多的錢；買家則可以足不出戶逛遍全國，而且可以方便地進行篩選和比價，買到物美價廉的產品；而隨著平台上用戶和資源的增多，阿里巴巴則圍繞電子商務構建出了屬於自己的生態圈，最終實現了商業價值。

其實傳統企業打不過互聯網企業，恰恰缺的就是這種開放和共贏的心態，也缺乏生態圈意識。所以傳統企業要轉型，首先要將經營企業、經營產品的思想轉換成經營平台的思想。要學會開放，要將企業的資源開放給合作夥伴，甚至開放給自己的員工，像阿里巴巴等企業，是非常鼓勵員工通過阿里巴巴的平台和資源創業的。其次要學會共贏，要保證所有合作夥伴的利益，要捨得分利，最後要學會建設生態圈。百度、阿里巴巴、騰訊這三大互聯網巨頭就是分別圍繞搜索、電商、社交各自構築了強大的產業生態。

傳統企業轉型互聯網，或者新的互聯網公司創業，當你不具備建構生態型平台實力的時候，那就要思考如何利用現有的平台。馬雲說：「假設我今天是 90 後重新創業，前面已經有阿里巴巴，有騰訊，我怎麼辦？

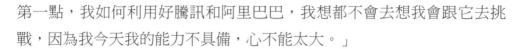

第一點，我如何利用好騰訊和阿里巴巴，我想都不會去想我會跟它去挑戰，因為我今天我的能力不具備，心不能太大。」

第五、跨界思維

任何行業都是行業內人士賺行業外人士的錢，想在一個行業生存，就要成為這個行業裡的專家。跨界思維恰恰就是用外行人的思維來做內行人的事，讓外行人賺內行人的錢。而這往往能顛覆一個行業。例如我們現在使用的手機，你能說出它準確的產品定位嗎？電話？照相機？平板電腦？⋯⋯現在的手機已經不能僅僅定義為手中的電話了，定義為手中的智慧型機器比手機更為準確，所以應該叫智慧終端機。原本傳統的家用電器賣場，大陸首推蘇寧、國美，但現在京東商城已經成為了最大的家用電器賣場。

因為跨界者對於這個行業了解得不深，所以行動起來不會綁手綁腳，而且其想法和理念也是不同於本業人士的。此時這些思維和理念若能與本行業有機結合，就可能達到顛覆式的效果。競爭可能來自「跨過界」的企業，企業在進入行動互聯網的過程裡，跨界思維能使企業可以快速跳出本行業，快速形成差異競爭力的最有效方法。所以很多人說，跨界者一旦成功，往往都是顛覆式的創新。舉個例子，從前電話就是電話、照相機就是照相機；現在，行動電話都至少有兩個鏡頭，也就是說，手機上簡單攝影的功能已成為基本配備了，如果傳統照相機業者再不做出因應措施，把專業的單眼相機平民化，那麼他們很快就會像柯達軟片一樣，從此消失。

互聯網和新科技的發展，純物理經濟與純虛擬經濟開始融合，「跨界發展」令很多產業的邊界變得模糊了。如 Apple 跨界進入手機領域，顛覆了諾基亞；LINE 跨界進入通訊領域，搶走電信商的語音和簡訊業務；

以阿里巴巴為代表的互聯網金融正在顛覆傳統銀行……。

李彥宏指出：「互聯網和傳統企業正在加速融合，互聯網產業最大的機會在於發揮自身的網絡優勢、技術優勢、管理優勢等，去提升、改造線下的傳統產業，改變原有的產業發展節奏、建立起新的遊戲規則。」

你不敢跨界，就會有人跨過來打劫你；你不跨界，就有人讓你「出軌」！

免費的午餐，在不久的未來也將成為可能。以餐飲為例，連鎖火鍋店就在嘗試「跨界思維」，「讓羊毛出在豬身上」。比如吃火鍋的同時，顧客可以透過掃描桌子下方的 QR 碼，來辦理一張信用卡，顧客馬上即可獲贈 100 元獎勵……用戶辦卡為該銀行未來增加收益提供了更大的可能，而用戶則在沒有任何損失的情況下，節省了 100 元的餐費支出……而這一切，都是企業對產品、使用者的理解不斷加深與使用者對產品、服務的要求不斷升級相結合的產物。也將會有一批善於融合創新的傳統企業，通過跨界思維，抓住「讓羊毛出在豬身上」的免費紅利，快速累積海量用戶而成功轉型。

阿里巴巴、小米等互聯網企業，他們一方面掌握著用戶數據，另一方面又具備用戶思維，這就是為什麼他們能夠參與乃至贏得跨界競爭。阿里巴巴、騰訊相繼做起銀行的業務，小米做手機、做電視，都是這樣的道理。一個真正厲害的企業，一定是手握用戶和數據資源，能夠縱橫捭闔敢於跨界創新的組織。

應運而生的「互聯網＋」

互聯網將會成為水、電一樣的基礎設施；它會像潮水一樣漫過傳統低效的窪地；傳統的廣告加上互聯網成就了百度，傳統集市加上互聯網成就了淘寶，傳統百貨賣場加上互聯網成就了京東，傳統銀行加上互聯網成就了支付寶，傳統安保服務加上互聯網成就了360，傳統的紅娘加上互聯網成就了世紀佳緣，而傳統的農業加上互聯網站起了陽光舌尖……我們一直在幫助用戶找到合適行業和企業的「互聯網＋」。

——易觀國際董事長兼CEO　于揚

中國在《關於 2014 年國民經濟和社會發展計畫執行情況與 2015 年國民經濟和社會發展計畫草案的報告》中對「互聯網＋」的概念解釋如下。

「互聯網＋」代表一種新的經濟形態，即充分發揮互聯網在生產要素配置中的優化和集成作用，將互聯網的創新成果深度融合於經濟社會各領域之中，提升實體經濟的創新力和生產力，形成更廣泛的以互聯網為基礎設施和實現工具的經濟發展新形態。「互聯網＋」行動計畫將重點促進以雲端運算、物聯網、大數據為代表的新一代資訊技術與現代製造業、生產性服務業等的融合創新，發展壯大新興業態，打造新的產業成長點，為大眾創業、萬眾創新提供環境，為產業智慧化提供支撐，增強新的經濟發展動力，促進國民經濟升級。

其實，我們回過頭來看看互聯網的發展史就會發現，「互聯網＋」的概念雖然才短短推出幾年，但是它從一開始對行業、生活的滲透，處處都體現了當下「互聯網＋」的概念。如下圖所示。

互聯網 1.0：即互聯網＋資訊，是單項傳播。網站做資訊發佈，網民被動接受，此時，Yahoo!、搜狐、新浪等門戶網站興起。

互聯網 2.0 ：即互聯網＋交易，是雙向互動。網民和網站之間、網民與網民之間、網站和網站之間的資訊可主動進行交流互動。淘寶、博客來、露天拍賣網是這一時期的代表。

互聯網 3.0：即互聯網＋綜合服務，是全方位互動。網民和網路之間在衣食住行等各個層面全方位緊密結合，這一時期行動互聯網迅速崛起。LINE、微信走進大眾生活，甚至改變了人們的生活習慣。

互聯網技術不斷推陳出新，商業模式不斷顛覆人們的想像，只是萬變不離其宗，可以說，一切發展都一直遵循著「互聯網＋」的模式。「互聯網＋」是互聯網融合傳統商業並且將其改造成具備互聯網屬性的新商業模式的一個過程。

「互聯網＋」已經改造及影響了多個行業，當前大眾耳熟能詳的電子商務、互聯網金融、線上旅遊、線上影視、線上房地產等行業都是「互聯網＋」的傑作。

目前，在中國大陸交通、醫療和教育行業都已經率先探索「互聯網＋」的道路。在交通領域，火車購票實現了線上購買；而隨著 Uber 和滴滴打車的出現，計程車行業也在一年多的時間內發生了翻天覆地的變化；在醫療領域，好大夫、掛號網、春雨醫生、掌上藥房等網路應用的出現，不僅讓掛號更方便，而且也讓遠端問診、購藥成為現實；在教育領域，滬江英語網、MOOC、VIPABC 等線上教育網站也吸引了成千上萬的用戶。

總結一下，率先實現「互聯網＋」改造的行業，具備以下幾個特點。

⟳ 形勢倒逼變化

無論是交通、醫療或者教育，每天都會面對大量的使用者，而傳統的人工處理方式費時、費力、費錢。所以，「互聯網＋」是一個皆大歡喜的選擇。正因如此，才能在短短兩三年的時間裡獲得社會大眾極高的追捧。

⟳ 資訊基礎良好

鐵路系統本來就有比較完善的後台系統，而計程車、專車、醫療和教育則使企業在較快的時間裡搭建了完善的資訊系統。

⟳ 企業高度參與

盤點這些率先試水「互聯網＋」的行業，都是開放平台讓企業唱戲。即使是火車票網購這樣的服務，也逐步引入了阿里雲等市場化企業的服務。

第二章

「互聯網＋」
究竟在「＋」什麼？

「互聯網＋」是什麼？

互聯網加一個傳統行業，意味著什麼呢？其實是代表了一種能力，或者是一種外在資源和環境，也是對這個行業的一種提升。

——騰訊創辦人　馬化騰

「互聯網＋」這個詞，最早可以追溯到 2013 年 11 月馬明哲、馬化騰和馬雲的一次發言。那時馬化騰提出：「互聯網加一個傳統行業，意味著什麼呢？其實是代表了一種能力，或者是一種外在資源和環境，也是對這個行業的一種提升。」

從那時起，馬化騰就多次提到「互聯網＋」，並強調：「『＋』的是傳統行業中的各行各業。」「互聯網將成為第三次工業革命的一部分，就像帶來第二次工業革命的電力一樣，與各行各業之間並不是替代關係，而是提升關係。」

在談「互聯網＋」之前，要先釐清「產業＋互聯網」和「互聯網＋產業」兩者有何不同？

「產業＋互聯網」是以傳統企業為主，以互聯網為輔，進行轉型。借助互聯網技術，提高使用者服務的消費和品質等。如「金融＋互聯網」指的是銀行增設了「網路銀行」，以實體銀行為主體，網路只是作為實體銀行的輔助工具。

「互聯網＋產業」以互聯網為主，融合其他行業進行革命創新，從根本上改變營運模式或者企業戰略。如「互聯網＋金融」，則是以網路

為主體，發展金融服務，例如阿里巴巴的支付寶。

　　在很多人看來，所謂互聯網＋，也就是互聯網與傳統各行各業的融合，即「互聯網＋傳統行業」，或者「互聯網＋傳統企業」。例如，「互聯網＋計程車」等於滴滴打車及 UBER；在臺灣最典型的例子則莫過於「互聯網＋書局」等於博客來、「互聯網＋房仲」等於 591 租屋網。

　　更具體一點地說，我們也可以理解成互聯網對傳統三大產業的融合與改造：互聯網＋工業＝工業互聯網，互聯網＋農業＝農業互聯網，互聯網＋傳統服務業＝服務業互聯網，但是就互聯網的影響和滲透，「互聯網＋」遠不止如此。

　　2015 年 4 月 29 日，騰訊公司與北京銀行簽署戰略合作協定，雙方圍繞醫療、微信支付、集團現金管理、零售金融等領域開展業務合作，合作的起點是一個叫作「京醫通」的項目。北京銀行將向騰訊公司提供意向性授信 100 億元，為「互聯網＋」戰略的落地提供資金支援。京醫通和微信的合作，是「互聯網＋醫療」的一次重要嘗試。如圖所示。

‹ 返回	選擇號源	
京醫通官方唯一微信服務平台		
號源訊息	醫生列表	
2017 年 03 月 29 日號源訊息		
號源時段	醫生職稱	掛號時間
上午	知名專家，教授	14.0元　約滿
上午	主任醫師	9.0元　約滿
上午	普通門診	9.0元　掛號
下午	副主任醫師	7.0元　掛號
下午	副主任醫師	7.0元　約滿
下午	主任醫師	9.0元　掛號
下午	普通門診	5.0元　掛號
掛號須知		›

　　在向企業提供諮詢服務的過程中，我一直強調：在「互聯網＋」的時代，互聯網已經不再是一個行業，它早就隨「風潛入夜，潤物細無聲」，逐漸改變著企業運作和經濟發展的模式，對社會和經濟產生了巨大的影響。隨著互聯網的進一步推進和發展，在不久的未來，就沒有傳統企業這樣的概念了。互聯網將成為國民經濟一個大的引擎，是效率的引擎，更是

創新的引擎。

簡單而言，「互聯網＋」就是將互聯網與傳統行業相結合，促進各行各業產業發展。「互聯網＋」代表一種新的經濟形態，也是未來經濟發展的趨勢。

互聯網在生產要素配置中的優化和集成作用越來越重要，其創新成果也將深度融合於各領域之中，形成更廣泛的以互聯網為基礎設施和實現工具的經濟發展新形態。

從本質上講，「互聯網＋」是傳統產業的線上化，只有線上化才能資料化。無論網路零售、線上批發、跨境電商、計程車叫車，所做的都是把用戶的需求努力實現線上化。只有商品、人和交易行為遷移到網路上，實現「線上化」，才能形成「活的、實實在在的」資料，隨時被調用和挖掘。線上化資料的最大特性就是流動性，它不會像以往的「死」資料，保存或者封閉在某個部門內部。線上資料可以隨時在產業上下游、協作主體之間以最低的成本流動和交換。只有資料流動起來，其價值才得以最大限度地發揮出來。

「互聯網＋」的內涵

互聯網的「靈魂」一旦附著於某一傳統產業，就會形成新的平台，產生新的應用。正因為如此，「互聯網＋」帶給人們無限的想像力。

從內涵上來講，「互聯網＋」與傳統意義上的「資訊化」已區分開來，或者說互聯網重新定義了資訊化。傳統資訊化的涵義是 ICT（資訊、通訊和技術）技術不斷應用、深化的過程。如果 ICT 技術的普及、應用沒有釋放出資訊和資料的流動性，促進資訊、資料跨組織、跨地域地廣泛分享使用，就會出現「IT 黑洞」陷阱，資訊化效益難以體現。在「互聯網＋」的時代，資訊化會真正回歸「資訊為核心」這個本質。

互聯網作為迄今為止人類所看到的資訊處理成本最低的基礎設施，其天然具備全球開放、平等、透明等特性。互聯網能夠使得資訊、資料在工業社會中被壓抑的巨大潛力爆發出來，轉化成巨大的生產力。例如，淘寶網作為架構在互聯網上的商務交易平台，促進了商品供給、消費需求資料和資訊在全國，甚至全球範圍內的廣泛流通、分享和對接，淘寶網擁有 10 億件商品、900 萬商家、3 億多消費者即時對接，形成一個超級線上大市場，大大地促進了中國流通業的效率和水準，釋放了內需消費潛力。

所以，要理解「互聯網＋」的內涵，就需要知道傳統產業與互聯網是「互聯網＋」，而不再是「＋互聯網」，一個＋號的位置變化所導致的實質內涵是截然不同的。

過去，無論資訊化帶動工業化還是深度融合，都是「＋互聯網」的概念，即傳統產業是主體，互聯網只是工具。工具的最大特點是被動，再好的工具，只有被利用才有價值，這就是工具的特徵。

工具化是工業 3.0 階段互聯網的主要特徵。在工業 3.0 階段，互聯網作為具有革命性的工具，可以擴大和提升資訊交流的空間和速度，從而讓傳統產業不僅生產效率有所提高，而且使得消費效率獲得極大提升。特別是網路銷售平台的建立，讓消費過程變得更加高效、便捷。

通常人們認為，以蒸汽機和電氣化為代表的工業 1.0 和 2.0 所運用的是力學原理，兩者解放的是體力，解決的是產能，那麼以資訊化為代表的工業 3.0 運用的則是數位手段，以互聯網作為工具，主要解決的是生產效率和消費效率之間的矛盾。也就是說，即便有互聯網的加入，傳統產業的基本形態並沒有改變，改變的只是效率。

然而，在工業 4.0 階段，互聯網已經不再是傳統意義上的資訊網路，它更是一個物質、能量和資訊互相交融的物聯網，互聯網傳遞的也不僅

僅是傳統意義上的資訊，它還可以包括物質和能量的資訊。

在工業 4.0 階段，互聯網自身的演進導致了它角色的變化，它不再只是一種工具、載體，更是一種能量、能源，它會從設計、生產、銷售到售後的全流程對傳統產業進行改造，它甚至還可以改變企業與消費者、企業與員工之間的關係。我們為什麼現在提到互聯網思維、互聯網經濟、「互聯網＋」，就提到小米手機，那是因為小米手機完全詮釋了在工業 4.0 階段，互聯網對一個企業的作用。互聯網的去工具化從百度、騰訊等互聯網巨頭紛紛主動涉足傳統製造業也初現端倪。在工業 4.0 階段，互聯網身份的轉換使得世界各國都對互聯網高度巷重視。

1. 工業 4.0 ──德國政府的高科技戰略計畫

工業 4.0 概念作為德國 2013 年確定的十大未來項目之一，已上升為國家戰略。工業 4.0 時代是實體物理世界與虛擬網路世界融合的時代，產品全生命週期、全製造流程數位化以及基於資訊通訊技術的模組集成，將形成一種高度靈活、個性化、數位化的產品與服務新生產模式。

如今在德國一些城市的街頭，停著不少有特殊標識的汽車，只要是會員，就可以用一張卡片把任意一輛車開走，辦完事停在路邊走人即可，而你駕駛車輛的所有資料會及時傳回車廠，並從你的帳戶扣除相關費用。這一模式未來很可能顛覆傳統汽車的銷售模式，可以想見今後可以不必再買車，而類似賓士、寶馬這類傳統製造企業，也很可能會演變成汽車服務提供者。

2. 中國製造 2025

雖然現在是互聯網時代，但製造業仍然是國民經濟的主體，是立國之本、興國之器、強國之基，原因很簡單：所有的互聯網交易都離不開製造業的產品生產。

當前，互聯網經濟蓬勃興起，《中國製造 2025》正是中國版的「工

業4.0」規劃，也是「互聯網＋製造業」最好的詮釋。

《中國製造2025》提出，要通過「三步走」實現製造強國的戰略目標。

★第一步，到2025年邁入製造強國行列。

★第二步，到2035年中國製造業整體達到世界製造強國陣營中等水準。

★第三步，到新中國成立一百年時，中國製造業大國地位更加鞏固，綜合實力進入世界製造強國前列。

《中國製造2025》的重大工程項目分別為製造業創新中心（又稱「工業技術研究基地」）建設工程、智慧製造工程、工業強基工程、綠色製造工程、高端裝備創新工程等五項。其中，「製造業創新中心」的目標為針對重點行業轉型升級，以及新一代資訊技術、智慧製造、增材製造、新材料、生物醫藥等領域的創新發展需求，建立製造業創新中心，並開展行業基礎和共性關鍵技術研發、成果產業化、人才培訓等工作。在十大重點領域的部份，其重點在於新一代資訊技術、高階工具機和機器人、航空航太設備、海洋工程設備及高技術船舶、先進軌道交通設備、節能與新能源汽車、電力設備、農機設備、新材料、生物醫藥及高性能醫療器材等產業。

「互聯網＋」計畫，是利用雲端運算、物聯網、大數據為代表的新一代資訊技術，來推動傳統行業的改造與創新；而「中國製造2025」則是中國實施製造強國戰略第一個十年行動綱領，以推動資訊化與工業深度融合為任務，深化互聯網在製造領域的應用。不難看出，「中國製造2025」，正是「互聯網＋」與傳統製造業的十年深度融合。

◯ 3. 台灣的《生產力4.0》

台灣行政院推動的《生產力4.0》，預計在未來九年間投入新台幣

360 億元的經費，加強臺灣在全球生產供應鏈的關鍵地位。整體而言，《生產力 4.0》的核心策略為結合物聯網、智慧機器人、大數據等三大新興技術，推動農業、製造業及服務業同步朝向設備行動化、系統虛實化及工廠智慧化的方向發展，以加速提升產業的附加價值與生產力，創造新的成長動能。

　　《生產力 4.0》是結合德國工業 4.0、美國 AMP 之兩者優勢及精實管理，基於自身先進製造的設備體系，將資訊和通訊技術融入，協助發展智慧製造以及服務與農業之整體解決方案。《生產力 4.0》主要考量台灣既有資通訊技術的優勢，強調加速智慧製造技術平台之發展與應用的方案，整體概念較偏向德國的「工業 4.0」政策及日本的機器人發展策略。

　　面對蓬勃發展的全球智慧化生產風潮，兩岸產業具備競合關係。對應於此，為鞏固臺灣當前優勢，可先進行小量、多樣、無庫存、訂製生產，拓展客製化服務打破企業疆界使客戶或供應商參與公司的技術開發、生產製造與銷售服務，例如專精「智慧製造」中的「感測器」技術，既符合我國於電子零組件領域的優勢，同時亦可切入中國大陸廣大的應用市場。

　　其次，結合國內深具競爭力的半導體、精密機械及通訊產業，投入智慧製造、綠色製造、新材料領域。並鎖定台灣已具備利基並適宜導入智慧化製造的電子製造、食品加工、金屬加工等領域為發展主軸。

「互聯網＋」的特性

與眾不同、特立獨行、做別人做不到的事情、想別人想不到的方法，不僅僅是技術上的，還有商業模式、產品模式以及使用者模式都可以創新。

——奇虎360董事長　周鴻禕

對於傳統產業來說，一旦「吃透」互聯網，就會形成新的平台，產生新的應用，如滴滴打車、河狸家、Airbnb 都是其中的典範。正因為如此，「互聯網＋」才會給人無限的聯想與嚮往。那麼，「互聯網＋」都具有哪些特性呢？如下圖所示。

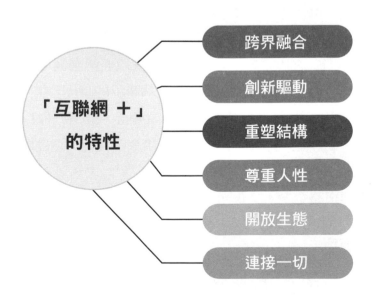

「互聯網＋」的特性

跨界融合

創新驅動

重塑結構

尊重人性

開放生態

連接一切

跨界融合

「互聯網＋」中的「＋」就是「＋」傳統行業，這本身就是一種跨界融合、重塑變革。融合本身包含身分的轉換，從客戶消費轉化為投資，例如：眾籌募資。騰訊創辦人馬化騰認為：「互聯網＋是以互聯網平台為基礎，利用通訊技術與各行各業跨界融合。」互聯網開始打破原有的分工，或者是行業的節點，開始整合。把原來大家看似不太相關的東西，通過互聯網的方式連接在一起，大家忽然發現有好多中間的環節是可以拿掉的，而一旦拿掉以後，效率提高、成本降低。更重要的是通過互聯網的方法進行整合時，已經不是簡單的物理性集中，而是開始互相融合，產生化學反應，形成了新的業態。

跨界是最徹底的競爭，它透過嫁接外行業價值，全面創新，進而打破、顛覆原有行業慣例。它能讓一個企業通過轉換生存空間而大放異彩，也能讓一個品牌在相對極短的時間內超越競爭對手邁上行業巔峰。例如：LINE、微信改變了手機通訊收費的格局、京東商城搶走了傳統零售賣場的生意、支付寶扭轉傳統銀行支付模式。

互聯網真正的貢獻也不僅僅是互聯網企業推動社會經濟發展和改變人們的生活習慣，更重要的是，互聯網與實體經濟全面地融合與滲透，成為經濟前進的新興驅動力。今天就是一個跨界的時代，在行業上跨界，互聯網與傳統行業融合，這樣一種邊界的融合，就是一種巨大的進步。如今，越來越多的企業利用自身優勢和網際網路技術力量開展跨界融合。如阿里巴巴進軍汽車、金融、文化、醫療、智能家居等產業；中國電信跨界進入網際網路金融、文化產業、電子商務等領域。

創新驅動

創新是互聯網的一個天然特性，是互聯網的精髓與靈魂，也是企業

持續發展的核心動力。

奇虎 360 董事長周鴻禕對互聯網創新的定義是：「與眾不同、特立獨行、做別人做不到的事情、想別人想不到的方法，不僅僅是技術上的，還有商業模式、產品模式以及使用者模式都可以創新」。

周鴻禕是個互聯網「老兵」，他帶領的奇虎 360 顛覆性創新（英文為 Disruptive innovation）的盈利模式創造了新的價值、新的市場，打破了舊有的市場，並取而代之。

1992 年周鴻禕被保送西安交通大學讀研究生。他在讀研期間編寫過遊戲軟體、殺毒產品。為了賣自己的產品還開過兩家小公司，最後以失敗告終。

1998 年 10 月，28 歲的周鴻禕成立國風因特軟體有限公司，公司網站名叫 3721。

2003 年雅虎收購 3721 公司，周鴻禕就任雅虎中國總裁。2005 年 8 月，周鴻禕在執掌雅虎中國 18 個月後功成身退。

周鴻禕後來以投資合夥人的身份正式加盟 IDG（國際資料集團風險投資基金），先後投資了多個創業項目，其主要投資成果包括迅雷、酷狗等多個知名的互聯網產品。

2006 年，周鴻禕投資奇虎 360 科技有限公司。同年，奇虎一款免費軟體「360 安全衛士」正式對外推出，專門掃描安裝在使用者電腦裡的惡意軟體（Malware，中國大陸又稱「流氓軟體」，是形容網路上散播的如同「流氓」一樣討厭的軟體。），並且協助使用者卸載這些惡意軟體。在中國，當時「流氓軟體」氾濫成災，因為那是一些互聯網公司收入的一部分，用戶急需一個工具來幫助卸載、清理各種流氓軟體。「360 安全衛士」發佈僅兩個月，就有超過 600 萬網民下載安裝，每天卸載的惡意軟體超過 100 萬個。

　　就這樣，奇虎 360 科技有限公司藉由免費的方式聚集海量使用者，將增值應用販賣給用戶獲得收入，即奇虎 360 科技向上游的協力廠商收費。兩年以後，也就是 2008 年，奇虎 360 科技全年近 1700 萬美元的收入中，有 66% 來自掃毒軟體的銷售分成，34% 來自推薦協力廠商軟體下載的佣金。

　　奇虎 360 科技的免費策略改變了掃毒軟體行業此前收費掃毒的盈利模式，給掃毒軟體行業帶來了巨大的衝擊——過去大家要花幾千元才能買到一款防毒軟體，奇虎 360 把它的價格變成了零。這無疑讓傳統的防毒軟體公司面臨著困境：跟進會損失收入，不跟進會流失用戶。

　　這就是互聯網思維對商業模式顛覆性的創新，把原有的收費變成免費，表面上看起來是自絕後路，但創新是被逼出來的，只要能夠為用戶創造價值，自然就會產生商業價值。這就是當時周鴻禕的想法。

　　所以，經由「奇虎360科技免費策略」的顛覆性創新，我們可以看到：互聯網＋的創新思維不僅僅是產品創新、技術創新，更多地還包括商業模式創新、平台模式創新、服務模式創新、盈利模式創新，甚至機制創新、文化創新和營運模式創新，當然，更重要的是觀念創新。正如 Groupon 創始人安德魯・梅森所說：「創新的一大挑戰在於找到一種方法，將頭腦中的僵化思維清理出去，任何情況下都不要盲從於固有經驗。」

重塑結構

　　隨著互聯網的深入發展，原有的經濟結構、企業結構、地緣結構、文化結構慢慢被改變，甚至重塑。尤其是近幾年行動網路的迅速發展，一切需求都是以消費者個體需求的形式在網上延伸、輻射，包括製造業、服務產業在內的很多行業的企業結構都發生了變化。

　　「互聯網＋」的技術推動力是連接，商業推動力是開放。連接和開

放，使得地域壟斷因此被打破了，商業資訊不再封閉，很多行業原有的邊界也變得模糊了，減弱了資訊不對稱。在互聯網創業的創業家們都在思考，還有哪些分散的資源可以整合，並把這些各歸其主、各據一方、各自為戰的資源邊界打破，讓資源回歸社會。例如有人在整合軟體或者硬體；有人整合轎車，就有人想到整合單車，進而就會有人想到整合大巴車。以此類推，有人開始把目光投向街頭那些送貨的小物流車，於是，北京就出現了雲鳥物流這樣的企業。不僅在北京，深圳、上海也都有公司在做這方面的嘗試。

互聯網降低了整個社會的交易成本，提升全社會的營運效果。例如：買電影票，現在手機一按，不用一分鐘就能買到。不只如此，打通用戶關係，讓分享更直接，現在不只能聽到周圍朋友的意見，更能透過網路得到更多更客觀的評價。

無處不在的網路已經改變這個世界上的商業模式，無論是流程還是供應鏈，組織結構還是行銷體系。互聯網大大縮短了企業和消費者之間的距離，這必將改變企業原有的商業模式。

尊重人性

產品的設計和生產都要以人為本，對於互聯網企業和互聯網產品來說，更是如此。互聯網的力量之所以強大，最根本的是因為其對人的最大限度的尊重、對人體驗的敬畏、對人的創造性發揮的重視。

人性的特點——

★優點：愛心、分享、憐憫、感恩、責任、善良、勤勞、勇敢、寬容。

★缺點：傲慢、妒忌、暴怒、懶惰、貪婪、暴食、色欲、炫耀。

眾多互聯網產品看似是基於使用者的各種需求而設計，其實用戶需

求的背後是人性在發揮無形的作用。一款好的產品，若能充分利用人性的特點，則可以滿足產品戰略和商業目標，從而獲得成功。

相信「iPeen 愛評網」、「大眾點評」、「FonFood 瘋美食」、「OpenRice.com（為亞洲最具規模的餐廳指南及食記分享平台）」是很多吃貨的必備 APP 或最愛網站。人們在大眾點評上不但可以很方便地查到各種餐廳、小店，還可以看到用戶的評價。對於「吃」這一人類最大的剛需，大眾點評給用戶提供了很好的解決方案。

APP 裡基於位置的推薦，以及各種團購優惠資訊，在最大限度上滿足了用戶吃的需求。

不僅如此，中國的「大眾點評」還是一個貼在公開網路上的商戶黃頁＋用戶經驗分享平台。大眾點評成立於 2003 年，其實當時的用戶分享心態和現在大有不同。2003 年大眾點評網的早期用戶，是將這個網站當做一個美食家老饕們分享經驗甚至有些炫耀意味的平台（這也恰恰滿足了用戶除了「吃」這一剛需之外，炫耀、分享的心理）。而時至今日，「大眾點評」網不但擁有累積多年的 UGC 點評內容（使用者原創內容），還形成了自己的忠實用戶與線下通路。

開放生態

人們普遍認為「互聯網精神」即「開放、平等、分享」，開放是被擺在第一位的，因為沒有開放，就談不上平等和分享，也談不上互聯網的自由，因此開放是互聯網精神的核心。不能以開放心態面對，自然無法思考和設計新的商業模式。只有開放才能融合，實際上也是跨界思維的核心之一。

未來的商業是無邊無界的，在這個前提之下，衡量企業跨界能力的關鍵因素，就是夠不夠具有開放性、生態性。對於互聯網＋，生態是非

常重要的特徵，而生態的本身就是開放的。當下推進互聯網＋，其中一個重要的方向就是要把過去制約創新的環節化解掉，假如一直在一個自我封閉的系統裡，那麼創新則很難實現。

把孤島式創新連接起來，讓研發由人性決定的市場驅動，讓創業並努力者有機會實現價值。

連接一切

互聯網給人們提供了「交流、共事、共用資訊的環境」。其透過改變人與人的聯繫和連接的方式，深刻地改變了人的生活方式。不管是世界何處的用戶，都能經由互聯網聯絡上對方，無論是透過郵件還是 FB、微信等其他平台，這一點只有互聯網可以辦到，互聯網讓世界無界限。互聯網的所有的一切都是連接，人與人的連接讓我們更親近，人與物的連接讓我們更方便，物與物的連接讓我們的生活更智慧。互聯網的魅力在於將人與人透過小小的手機隨時隨地的連接在一起，實現了人聯網，接下來將是人聯物，物聯網。

「互聯網＋」的未來是連接一切的，這個連接包括人與人、人與服務、人與線下的連接等。LINE、FB、微信是人與人之間的連接；大眾點評、Gomaji 團購網則建立了人與服務之間的連接；Uber、滴滴打車改變了傳統路邊招手等車的現象，提升了計程車使用效率，創建了計程車和人的連接。你可以把這樣的公司稱為「互聯網＋」時代連接型的公司。連接型的公司是很有前景的創業方向，其重要目標就是創造更多的連接點，成為一個開放平台，繼而圍繞著這個開放平台建構起一個大的生態鏈。

「互聯網＋」的四個關鍵字

　　「互聯網＋」不僅涵蓋製造業，也涵蓋電子商務、工業互聯網、互聯網金融以及創客創新。「互聯網＋」是兩化融合的升級版，不僅僅是工業化，而是將互聯網作為當前資訊化發展的核心特徵提取出來，並與工業、商業、金融業等服務業全面融合。這種融合不是簡單的迭加，不是一加一等於二，而是大於二。「我想其中的關鍵就是創新。只有創新才能讓這個「＋」真正有價值，有意義。」

——北京大學政府管理學院副教授　黃璜

　　「互聯網＋」實際上是創新 2.0 下網路發展的新形態、新業態，是知識社會創新 2.0 推動下的互聯網形態演進。筆者認為：**行動互聯網、雲端運算、大數據、物聯網**，正是「互聯網＋」四個重要的關鍵字

行動互聯網

　　行動互聯網（行動網路），簡而言之，就是將移動通訊（行動通訊）和互聯網二者結合起來，成為一體。行動互聯網是顛覆傳統商業模式和管理模式的重要推手。據報告顯示，截至 2016 年 12 月，中國網民規模達 7.31 億，手機網民規模達 6.95 億，連續三年成長率超過 10%。而在台灣，據統計資料國人使用行動上網比率高達八成。

　　行動互聯網的市場規模正不斷擴大，而人們的上網習慣也正逐漸從傳統網路轉移到更便捷的行動上網上，行動互聯網發展進入全民時代。

　　上網習慣的改變帶來了行動互聯網的快速成長，許多與行動互聯網相關的產業也搭上了這趟順風車，迅速擴大了市場規模。在電商領域，2016 年阿里巴巴「雙十一」購物節當日總成交額高達 1207 億人民幣，其中行動支付佔 82%。創下歷史紀錄比去年 912 億又成長了 32%。2014 年雙十一，阿里巴巴線上交易總額突破 571 億元，其中行動支付的交易額 243 億元，是 2013 年同期行動支付交易額的 4.54 倍，占 2014 年雙十一交易總額的 42.6％，是當時全球行動電商平台單日成交的歷史新高。

　　中國行動互聯網可細分為手機遊戲、行動購物（微店、淘寶）、行動廣告、手機安全、手機流覽器、手機閱讀、手機音樂、手機影片、行動教育、行動醫療等多個領域，如下圖所示，它跨越了產業之間、產業鏈上下游之間的壁壘，讓金融企業、互聯網公司、服務公司、電信營運商、應用提供商、終端廠商甚至晶片廠商之間形成了相互融合、滲透乃至替代的競爭局面，完全顛覆了傳統的商業模式。

◆ 手機遊戲 　　◆ 線上閱讀

◆ 行動購物 　　◆ 手機音樂

◆ 手機安全 　　◆ 行動教育

◆ 手機流覽器 　　◆ 行動醫療

目前全民都在關注互聯網＋，幾乎所有互聯網商業模式都在積極探

索如何實現資訊交換成本更低、溝通聚集成本更低、買賣交易成本更低、資源配置成本更低。要想實現這些，必須實現效率的最大化，建立針對行動網路的一體化營運管理模式，可以說，傳統的管理模式面臨著巨大的衝擊。

大數據

在《大數據時代：生活、工作與思維的大變革》這本書中，作者維克托・爾耶・舍恩伯格指出，大數據帶來的資訊風暴正在改變我們的生活、工作和思維，大數據開啟了一次重大的時代轉型。作者還用三個部分講述了大數據時代的思維變革、商業變革和管理變革。

維克托最具洞見之處在於他明確指出：大數據時代最大的轉變就是，放棄對因果關係的渴求，取而代之關注相關關係。也就是說，在「互聯網＋」時代，搞清楚「是什麼」，比知道「為什麼」更重要，或者說更有意義。這完全顛覆了人們的思維慣例，對人類的認知和與世界交流的方式提出了全新的挑戰。沒錯，這就是大數據帶給這個時代關於技術、制度、觀念的重大改變。

作為一名普通的網民，你可能常常有類似這樣的經歷：你連續幾次在某網站購買嬰兒紙尿褲，再次購買時，該網站會主動推薦你很多相關產品，如奶粉、嬰兒濕紙巾、安撫奶嘴等，這些商品的新品訊息、優惠資訊還會出現在你的常用郵箱裡，甚至你會接到這個網站銷售人員給你打的電話，提醒你經常購買的那些與嬰兒相關的商品正在促銷。這就是電商通過大數據分析出這位消費者的購買傾向並預測出他可能會購買的商品，進而進行精準行銷。這樣做，無疑促進了消費者的購買欲望，同時也在多層次上滿足了消費者的需求，並且提高了電商的工作效率和成交率。在「互聯網＋」時代，各個企業對大數據應用勢必會不斷推陳出新，

智慧搜索、定位服務、廣告、電商、社交等借助大數據技術持續進化與升級，互聯網金融、O2O 等應用也會借助大數據向線下延伸。

雲端運算（cloud computing，中國譯作雲計算）

　　「雲端運算」是一種基於互聯網的服務，最早由 Google 提出。「雲」是網路、互聯網的一種比喻說法，簡單來說，「雲端運算」就是將大量用網路連接的計算資源統一管理和調度，構成一個計算資源池向使用者按需服務，最終使使用者終端簡化成一個單純的輸入輸出設備，讓使用者脫離在硬體、軟體和專業技術上的投資，並能按需享受互聯網提供的技術服務，如下頁圖所示。現在，我們每次使用搜尋引擎查找資訊，其實都正在和雲端運算發生關聯。

　　雲端運算雖然是一個新名詞，卻不是一個新概念。雲端運算這個概念從互聯網誕生以來就一直存在。最初，人們是購買伺服器存儲空間，然後把檔案上傳到伺服器存儲空間裡保存，需要的時候再從伺服器存儲空間裡把檔下載下來，這和 Google 雲端硬碟 Dropbox 或百度雲的模式沒有本質上的區別，它們只是簡化了這一系列操作而已。

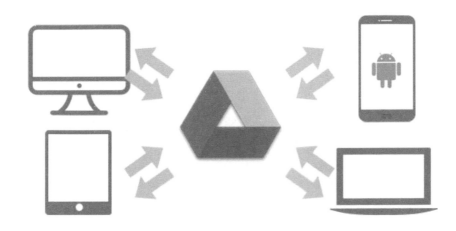

　　從技術上看，大數據與雲端運算的關係就像一枚硬幣的正反面一樣密不可分。大數據無法用單台的電腦進行處理，必須採用分散式運算架構。雲端運算的特色在於對海量資料的挖掘，它需要依託雲端運算的分散式處理、分散式資料庫、雲存儲和虛擬化技術。

　　而對於企業而言，在生產經營中產生的大量資料都需要進行分析處理，而分析處理這些資料需要相關的設施、設備、技術人員等，勢必會增加企業的成本。但有了雲端運算，企業就可以租用雲設施來滿足自己的資料分析處理要求，無需自己配置設備、技術人員，這大大降低了營運成本。雲端運算的出現，使得使用者無需關注資料分析處理的具體過程，而只關注雲端運算帶來的資料分析處理結果和 IT 服務體驗。企業可使用雲端運算服務於消費者，分析他們各個方面的需求，製造出更多滿足他們需求的產品。

　　總之，雲端運算有以下幾點好處。

★安全。雲端運算提供了可靠、安全的資料存儲中心，使用者不用再擔心資料丟失、病毒入侵等麻煩。

★方便。它對使用者端的設備要求較低，使用起來相當方便。

★資料共用。它可以輕鬆實現不同設備間的資料與應用共用。

★無限可能。它為我們使用網路提供了無限多的可能。

物聯網

物聯網（Internet of Things, IOT），顧名思義就是物物相連的互聯網。通俗一點講，物聯網就是利用局部網路或互聯網等通訊技術把感測器、控制器、機器、人和物等通過新的方式聯結在一起，形成人與物、物與物相聯，實現資訊化、遠端系統管理控制和智慧化的網路。

所以說，物聯網其實是互聯網的一個延伸，它包括互聯網及互聯網上所有的資源，相容互聯網所有的應用，但物聯網中所有的元素（設施、設備、資源、通訊等）都是個性化和個體化的。

從行動網路發展的速度可以看出，人們越來越傾向於通過智慧手機、平板電腦等智慧行動終端與外部連接交流，而大數據、雲端運算的應用，使得越來越多的人的需求被分析和預測，更多的科技被應用到日常生活中所用到的各類產品中。當這些產品被連接到互聯網中時，就形成了物物相聯的物聯網，如下頁圖所示。

「工業革命把人變成機器，物聯網革命把機器變成人。」物聯網將現實世界數位化，應用範圍十分廣泛。物聯網能拉近分散的資訊，統整物與物的數位資訊。物聯網與我們的生活息息相關，可應用到智慧交通、環境保護、政府工作、公共安全、平安家居、智慧消防、工業監測、環境監測、建築管控、老人護理、個人健康等多個領域。

物聯網帶來萬物互聯、機器對機器、智慧控制、數據採集等各種新的可能性，在物聯網上，每個人都可以應用電子標籤將真實的物體上網連結，在物聯網上都可以查出它們的具體位置。通過物聯網可以用中心電腦對機器、設備、人員進行集中管理、控制，也可以對家庭設備、汽車進行遙控，或是搜尋位置、防止物品被盜等，類似自動化操控系統，同時透過收集這些小數據，最後可以聚集成大數據，包含重新設計道路以減少車禍、都市更新、災害預測與犯罪防治、流行病控制等等社會的重大改變。

舉例來說，在醫療照護方面，年長者專用的智慧拖鞋與其他穿戴式裝置內含感測器，可偵測失足以及各種醫療情況。若發生任何狀況，裝置會透過電子郵件或者簡訊通知醫師，如此可避免跌倒的情況並且省下昂貴的急診費用。

車輛藉由物聯網資訊，連結其他在路上行駛的車輛，以及各個地點交通即時情況，並規劃出最省時便利的路線。BMW 與美國通用汽車公

司已開發類似車用科技，提醒駕駛胎壓狀況，並提供輔助駕駛系統。

利用 Wi-Fi 與藍牙科技就可以偵測家中空氣品質、水質控管、智慧居家保全，連上班期間都可隨時監控家中毛小孩有沒有亂搗蛋。這些功能都不難，只要運用感應器裝置，讓家電全都串連起來，一間房子就是一個可獨立運作的綜合智慧裝置。

一家物流公司應用了物聯網系統的貨車，當裝載超重時，系統會自動告訴你超載了並且告訴你超載多少；反之，如果空間還有剩餘，系統則會告訴你輕重貨應怎樣搭配等。

這些物聯網事物正在改變我們和實體世界之間的互動方式，現在我們可以和電視機進行交流，它們之所以能夠聽懂我們的指令，原因在於電視機的內部嵌入了傳感器和聲音處理晶片，因此它們可以透過雲端對指令進行處理。我們在路上駕駛汽車的時候，傳感器可以透過收集在我們手機上的數據，對路況進行評估。現在的健康設備會收集我們身體的數據並發送給醫生，智慧手錶可以收集我們的脈搏信息並將其發送給相關的人。

物聯網可以說是繼電腦、互聯網和移動通訊之後的又一次資訊產業的革命性發展。穿戴式裝置、智慧家居、智慧城市，或者是具體一點的 Gogoro 電動機車、Apple Watch 等都是物聯網的一環。在物聯網趨勢爆發的時代，如何打造一個具備智慧功能的產品，可說是目前最受注目的新商機。

「互聯網＋」時代下的商業模式

沒有傳統行業，只有傳統思維。

—— 中國經濟學家　吳曉波

　　所謂「互聯網＋」，簡而言之，就是「互聯網＋X行業」。理論上講，X可以是任何一個行業的名稱。如從大的產業別來看，有「互聯網＋工業」、「互聯網＋農業」、「互聯網＋服務業」等。如細分行業，則有「互聯網＋零售」、「互聯網＋汽車」、「互聯網＋醫療」、「互聯網＋教育」、「互聯網＋金融」、「互聯網＋房地產」等。值得注意的是，「互聯網＋X」行業並非互聯網與某一行業的簡單相加，而是利用互聯網技術與平台，包括雲端計算、大數據、物聯網與行動互聯網等，促使互聯網與某一行業的有機結合，以改造某一行業的購進、生產、銷售與售後服務結構以及其整個運行模式，從本質上提高行業的智能化程度進而提高效率。

　　每家企業在資金、技術、規模、人才儲備等方面差距懸殊，擁抱互聯網或是被互聯網擁抱的能力、方式更是相差甚遠，這就需要企業本身選擇好適合自身發展的路徑。換句話說，互聯網就是工具和武器，對於企業而言，用什麼樣的方式去掌握好這個工具或武器十分重要。

軟硬結合

　　軟硬結合的商業模式最典型也是公認最早的來源是 Apple 公司，雖然 Apple 公司的盈利來自於硬體，但其真正的護城河卻來自於軟體和生

態圈。售價幾千美元的 Apple 產品的製造成本只有幾百美元。負責為其代工製造的富士康和大量國內電子廠商僅僅只能賺到其利潤中很小的一部分，大部分的利潤都被 Apple 拿走。這也使得 Apple 成為全球毛利率最高的手機品牌，而許多消費者購買 iPhone 的重要原因來自於其軟體：iOS 生態圈和 APP Store。

2015 年年度手機品牌銷售 Top 10 是 Apple、HTC、Samsung、Asus、Sony、Taiwan Mobile、Infocus、LG、OPPO 與 MI（小米）。iPhone 雖然售價高，但還是最受用戶追捧。就成長趨勢來看，華為爆發式成長勢頭強勁，Apple 占比第一但使用者規模趨於穩定

2015 年台灣手機品牌銷售排行 TOP10

名次	品牌
1	Apple
2	HTC
3	SAMSUNG
4	ASUS
5	SONY
6	TAIWAN MOBILE
7	INFOCUS
8	LG
9	OPPO
10	MI

從下頁圖的統計圖來看，無論從目前中國手機市場佔有率，或是用戶預期購買的下一支手機來看，Apple 都依然穩居第一的位置，華為位居第二。

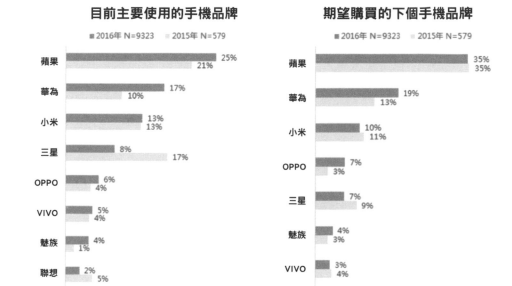

對於 Apple 這樣的平台型公司來說，用戶離開 Apple 生態圈的成本很高，原因就是其自有的軟體體系。一旦你熟悉了 iOS，熟悉了 Apple 軟體服務的一切，你就很難離開 Apple 的體系。在這種模式下，硬體是載體，而軟體才是真正的靈魂。也正因為有這樣的體系，如今，Apple 已是市值超過 7000 億美元的科技公司。這樣的市值，可謂富可敵國，是一個單純賣設備的公司永遠無法達到的。

另一個經典案例是小米。小米成立四年就做到了市場估值達 450 億美元。它通過建設自己的社群，做到了行銷費用為零，倉儲費用為零，通路費為零。通常手機行業的廣告費約佔其零售價的 10% ～ 16%，通路費 33%，庫存費、換代的庫存費為 10% ～ 12%，而小米幾乎為零。這幾項成本加上其他營運費用，小米的營運成本占全部銷售的比例只有 4.5%，是前所未有的低。這就是用互聯網思維來改造傳統行業，軟硬結

合的典型案例。

　　樂視網也是值得提的案例之一，依靠著前瞻的軟硬結合的商業模式，它從影片網站中異軍突起。樂視最早是買影視版權去投放的，為了投放版權，它要把電視機、手機、汽車等全部改造成互聯網終端，依靠雲平台、大數據來串連這一切，形成一個新的業態。樂視網最早通過盒子，之後通過超級電視，將自己的產品「卡位」到用戶的客廳中。而樂視網的內容及其完整的生態圈又給硬體帶來了靈魂，帶來了終極的體驗。所以樂視現在成為一個以影片傳播文化、體育產業作為主線，以智慧電視、連網電視、手機、汽車等作為一個載體，以雲平台、大數據、電商應用等等做支撐和整合，外加一個互聯網金融來維持一個包容一切的開放的生態體系。受益於商業模式的前瞻性，樂視網的市值已經遠遠超越了過去的老大優酷（Youku）。事實上，其接近 100 億美元的市值也讓樂視網成為中國互聯網行業中的佼佼者。

　　鴻海董事長郭台銘在「2016 中國大陸杭州雲棲大會」中透露，未來將在大陸推出整合夏普、鴻海和阿里巴巴技術的互聯網電視，進軍智慧家庭市場，推出內建阿里巴巴 YunOS 作業系統的互聯網夏普電視，搶占智慧家庭商機，並設定一年內賣出一千萬台的目標。在未來，我們會看到越來越多互聯網企業＋硬體生產商的合作。在這個過程中，硬體企業可能會出現估值的重估，從手機、家電，到汽車，甚至房地產。這種重估會強化軟硬結合商業模式的重要性，也會成為未來互聯網的新趨勢。

智慧型儀器

　　智慧型儀器是含有微型電腦或者微型處理器的測量儀器，擁有對資料的存儲、運算、邏輯判斷及自動化操作等功能。智慧型儀器的出現，極大地擴充了傳統儀器的應用範圍。智慧型儀器憑藉其體積小、功能強、

功耗低等優勢，迅速地在家用電器、科學研究單位和工業企業中得到了廣泛的應用。

　　未來的一切會是智慧化的一切，手機從 Apple 開始就是智慧化的發展趨向。功能手機到智慧手機的換機潮也正是小米發展的契機。如果未來汽車將從功能型汽車轉變成智慧型汽車，這個行業的前景可以說比手機市場更大。

　　可以預言未來三～五年，家用電器的智慧化會迅速地發展起來。例如，Google 不僅自己發明了 Google 眼鏡，還用 32 億美元收購了 Nest ——一家做家庭智慧溫度調節設備的企業。進入物聯網時代，我們把許多生活用品連上網路，進而讓廠商蒐集許多使用行為資訊，進行「大數據」分析以後，便可以按照使用者習慣調整商品。例如 Nest 販售智慧居家系統就是一個最佳例子，提供智慧溫控、煙霧偵測等產品。這些產品造價不斐，但 Nest 與電力公司合作，只要用戶與該電力公司簽署合約，就可以免費獲得一台 Nest「智慧溫控」裝置！透過這個裝置，用戶可以更省電費，電力公司按照使用者習慣調整供電模式，成本也大幅下降。整體上，這樣的節能策略更符合永續環保的概念，而且多方受惠，

應運而生的商業模式

1. 工具＋社群的商業模式

　　互聯網給人們提供了「交流、共事、共用資訊的環境」。使得資訊交流越來越便捷，志同道合的人更容易聚在一起形成社群。這個時代的商業模式要著眼於構建並深化企業與用戶兩個主體之間的關係，而不是產品的買賣關係。因此，未來商業的核心是社群，而不是產品，每個行業中的商業創新都源自對同質性的消費族群的痛點挖掘，將散在各地的分散需求聚攏在一個平台上，對相同偏好、相同共識的人，深度挖掘其

需求及體驗感。所以，小米從一開始就是透過手機軟體系統來構建小米粉絲社群，而不是賣產品。

使用者因為好的產品、內容、工具而聚集在一起，經由參與式的互動，共同的價值觀和興趣形成社群，從而有了深度連結，用定製化 C2B 交易來滿足需求，盈利的商機自然浮現。例如微信就是一個非常典型的案例，它從一個社交工具開始，逐步加入了朋友圈點讚與評論等社區功能，繼而添加了微信支付、精選商品、電影票、手機話費充值等功能。又比如「羅輯思維」、「大姨媽」、「美妝心得」、「陌陌」等，它們一開始就是一個工具，都是通過各自的核心功能過濾並得到大批目標粉絲，然後培養出自己的社群，並開始逐步透過售賣書籍、化妝品來拓展自己的電商業務。

2. 長尾型商業模式

長尾概念由克里斯‧安德森（Chris Anderson）提出，長尾理論（The long tail）：只要通路夠大，非主流的、需求量小的商品「總銷量」也能夠和主流的、需求量大的商品銷量抗衡。雖然每種利基產品相對而言只產生小額銷售量。但利基產品銷售總額可以與傳統針對大量用戶銷售少數拳頭產品的銷售模式媲美。

由於互聯網的普及帶動了消費者的個性化消費，也催生了新的銷售模式和生產方式。例如，在淘寶網上，「多品種、小批量、快翻新」正在逐步成為主流。以服裝業為例：在消費端，淘寶網上固然有一些單款銷售數萬件的服裝，但另一方面長尾效應也越來越顯著，一款女裝銷售百餘件，在淘寶網上就是一個很普遍的現實。

從生產方式來看，原來的服裝企業大都採取捆包制的大規模生產方式，但部分服務電商企業，則越來越多開始採取更適應於多品種、小批量生產的單件流或小批量轉移。因此，以消費者為導向，柔性化生產與

定製化生產的 C2B 商業模式，將會取代傳統製造業大量生產的模式。因為消費者的變化，必須要改變產品的設計，改變通路的推廣方式，改變創新設計的能力。以消費者為導向，柔性化生產，定製化生產將會取而代之。

所謂 C2M（Customer to Manufacturer），就是以「用戶需求為起點的客製化生產與銷售模式」。青島紅領集團就是這個行業典型的 C2B 代表。就是借助網路搭建起消費者與製造商的直接交流平台，跳過了商場、通路等中間環節，從產品定製、設計生產到物流售後，全部過程依託資料驅動和網路運作。

青島紅領集團研發的西裝個性化定製系統，建立起人體各式尺寸與西裝版式尺寸相對應的資料庫。該系統可以對顧客的身型尺寸進行資料建檔，通過電腦 3D 打版形成顧客專屬的資料版型。資料資訊被傳輸到備料部門後，在自動裁床上完成裁剪。每套西裝所需的全部布片會被掛在一個吊掛上，同時掛上一張附著客戶資訊的電子磁卡，裡面存儲了顧客對於西裝的領型、口袋、袖邊、紐扣、刺繡等方面的個性化需求。流水線上的電腦識別終端會讀取這些資訊並提示操作，在流水線上實現個性化定製的工藝。

透過 C2B 實現大規模個性化定製，核心是「多款少量」。所以長尾模式需要低庫存成本和強大的平台，並使得利基產品對於興趣買家來說容易獲得。例如 ZARA 就是以其靈敏的供應鏈，以「多款式、小批量」，創造了長尾市場的新樣板。

3. 跨界商業模式

在「互聯網＋」時代，行業之間的界限變得模糊，跨界、跨行業就成了經濟發展的新常態。如小米既做手機，又做網路電視，還做路由器、智能家居、汽車、淨水器和智慧手環，力圖透過垂直整合，打造小米生

態圈。傳統產業積極朝網路化發展，傳統企業紛紛與網路公司合作，向網路領域轉型；另一方面，網路企業加速向傳統行業進軍，阿里巴巴、百度、騰訊等紛紛進入金融、教育、文化、醫療、汽車等行業。利用訊息、通訊技術提升內部管理水平和客戶體驗，加強產業鏈上下游的合作；利用新技術提升企業效率。如今，越來越多的企業利用自身優勢和網路技術的力量開展跨界融合。如阿里巴巴進軍汽車、金融、文化、醫療、智能家居等產業。

再看目前相當紅火的 IP 智慧產權的商業模式，也是跨界。迪士尼公司就是一個典型代表。迪士尼的創始人華德・迪士尼將一個卡通形象米老鼠，或者說從智慧產權出發，演變出了一系列的產業，包括動漫產業、電影產業、主題遊樂園、玩具產業等等，這是以往一百年內已經發生過的故事，而中國也正在上演著這樣的情節。

跨界從本質上是對傳統產業要素的重新分配，是生產關係的重構，它從傳統產業的低效點也就是痛點出發，來尋找跨界的入口。

互聯網為什麼能夠如此迅速的顛覆傳統行業呢？互聯網實質上就是利用高效率來整合低效率，對傳統產業核心要素的再分配，也是生產關系的重構，並以此來提升整體效率系統。利用互聯網工具和互聯網思維，透過減少中間環節，減少所有通路不必要的耗損，減少產品從生產到進入用戶手中所需要經歷的環節來提高效率，降低成本。基於這樣的思維，才誕生出新的經營方式和贏利模式以及新的公司。大家想想，現在咖啡廳還只是喝咖啡嗎？餐廳就是用來吃飯的嗎？肯德基可不可以變成青少年學習交流中心？銀行等待的區域可以不可以變成小書店呢？跨界思維，就是要敢於超越思維的局限，突破傳統模式。走出你的慣性思維，時刻思考「我的哪些產品是要被顛覆的？我能否顛覆現有的行業思維？」馬雲曾經說：「如果銀行不改變，那我們就改變銀行」於是餘額寶就誕生了，

餘額寶推出短短半年，規模就已衝破 1800 億元人民幣。馬化騰說：「互聯網在跨界進入其他領域的時候，思考的都是如何才能夠將原來傳統行業鏈條的利益分配模式打破，把原來獲取利益最多的一方滅掉，這樣才能夠重新洗牌。反正這塊市場原本就沒有我的利益，因此讓大家都賺錢也無所謂。」

4. 免費商業模式

免費的商業模式，是指你提供了一種免費的機制或服務免費給很多人用，最後你還能因此獲得財富。就是靠「免費」來賺取用戶，有了用戶和流量一切都好辦了，因為今天的免費是為了明天掙錢做準備。

免費模式就是解除消費者抗拒的有效手段。通常消費者都有佔便宜的心理，如果支付一些金錢能夠得到更多的附加價值，他們心裡肯定是高興的，甚至可能會重複消費；另一方面，消費者都有自我保護意識，免費體驗可以降低他們的消費風險，如果免費產品讓他們滿意了，自然會自願購買。

從某種意義上來說，產品並不只是用來買賣的商品，「免費贈送」的價值更加深遠。在我們的生活中經常會遇到這種免費行銷現象，比如一些藥店的免費健康檢查、數位電子產品的免費維修、網路電影的免費試看、電子軟體的免費下載，以及一些新產品的免費體驗、免費使用等，雖然表面上是免費的，但實際上都是企業獲得新客戶、推廣使用者體驗的最佳手段。企業通過網路將自己的產品和服務免費贈送給消費者的成本微乎其微，而它的用戶基數越大，分攤到每個用戶身上的成本就越低，性價比也越高，得到的口碑效果也就越強。企業不再單純地只把產品當作商品來出售，而是轉換互聯網思維，把產品當作一種行銷工具，為自己帶來更多的利益。免費行銷策略具有很強的生命力，因為現在的免費是為日後的盈利打基礎。用免費的東西獲得用戶，免去的費用自然要在

其他地方賺回來。騰訊的 QQ 和微信，以及 360 安全衛士（防毒軟體），都是透過這一模式，成為互聯網行業的贏家。

我們都知道使用者付費原本就是天經地義，而所謂的免費商業模式就是使用者不用付錢。很多互聯網企業都是透過建立免費機制，以免費、好的產品吸引到很多的用戶「養」大使用者，然後透過新的產品或服務給不同的用戶，藉此經營了大批粉絲之使用流量，在此基礎上再構建商業模式，比如 LINE、Pokemon Go、QQ。騰訊在開發了微信朋友圈、QQ 裡的遊戲之後，不需要天天做廣告，客戶自己就自動地花錢付費。因為現在行動支付很方便，甚至還會發現如果你不花錢買，遊戲就很難過關。企業把用戶數量變為經濟效益的關鍵就是爭取他們的注意力，讓他們持續關注並消費企業的產品。

LINE 並不是第一個推出免費通訊的 APP，但其短短上線一年，LINE 可愛貼圖加上免費下載，使得 LINE 的全球下載量一下子就衝上 5400 萬，使用人口還在持續成長中。而 LINE 在觀察到貼圖小舖大受歡迎，馬上就推出付費版本，每組售價 0.99、1.99、2.99 美元不等的新貼圖，不到兩個月就創造 3.5 億日圓的銷售額，成為第一個跟使用者收費（B2C）的成功案例。龐大用戶人數為 LINE 帶來驚人傳播力量，更加速旗下不同功能的整合運用，創造 1 ＋ 1 ＞ 2 的加乘效應，再次驗證「人流就是金流」。

粉絲名單與粉絲流量是有價的，這些有價值的粉絲網絡與流量，可以提供給其他夥伴客戶來使用，以此轉化成現金，如賣廣告版面。粉絲網絡與粉絲流量也可以透過內部流程來轉化，例如挖掘粉絲的想要與需求，以此發現新的商機。

在「互聯網＋」時代下，常用手法就是在傳統企業用來賺錢的領域提供免費，從而徹底把傳統企業的客戶群帶走，繼而轉化成流量，然後

再利用延伸價值鏈、價值提升或增值服務來賺錢。當你想要採用「免費」這個法寶時，請先想清楚以下幾個問題：你究竟拿什麼免費；這個東西會不會成為一個基礎服務；透過免費能不能得到用戶；在拿到用戶和免費的基礎上，有沒有機會做出新的增值服務；使用者願意付費買增值服務嗎？

在這個資訊過剩的時代下，每個人都被淹沒在「訊息過剩」的汪洋大海中。所以很多人都會主動屏蔽一些自己不感興趣的訊息。只有那些被消費者關注的訊息才能產生經濟潛力，被企業開發利用。再優秀的產品或內容，一旦沒有在第一時間吸引消費者的注意力，就會被海量的同類訊息所淹沒。因此，導致眾多互聯網創業者們開始想辦法去取得注意力資源，而互聯網產品最重要的就是流量，因為有了流量才能夠以此為基礎去建立自己的商業模式，所以說互聯網經濟就是以吸引大眾注意力為基礎，去創造價值，然後轉化成贏利。意思就是說，用戶的注意力是可以變成錢的。以微博為代表的新媒體已經不再是純粹的社交平台，而是進化成了一個電子商務平台。現在許多網絡紅人已經能憑藉自己的火爆人氣來創業，於是許多企業也把社群媒體當成了網上營銷的主戰場。

在網路行銷時代，免費經濟學已經越來越深入人心，成為眾多商家常用的行銷手法。免費行銷，它的核心理念就是透過讓使用者免費使用產品、享受服務的活動，讓使用者得到實惠並與他人口耳相傳，逐步提高品牌影響力，壯大粉絲群體。同時，免費行銷更有利於企業得到更多的用戶體驗反饋資訊，更有益於對自身產品進行改進更新。

總結一句，掌握用戶就是掌握商機，是一個互聯網經濟下不變的真理。

🔄 5. O2O 商業模式

你聽過 O2O 嗎？透過 APP 線上叫車服務的 Uber；媒合房東與房客

的 Airbnb；已撤資台灣的 Groupon 都是 O2O 經營模式的一種應用。

O2O 即 Online To Offline（從線上到線下），是指將線下的商業機會與網路結合，讓網路（線上）成為線下交易的前臺，這個概念最早源自美國。簡單來說就是一種透過線上（網路上）的行銷活動將人流帶到線下（實體）體驗或消費的經營概念。例如，Airbnb 則是促成在線上尋找住房資訊的人，以及有興趣將房子出租的房東，把消費者帶到房間出租的市場上；以團購為主的 Gomaji，是在線上銷售各式不同餐廳或公司等實體商品的折價券，透過一個線上平台，以優惠的價格吸引在網路上的潛在使用者，讓他們在線上購買折價券，然後轉到實體店面去消費，這種將線上的人流引導到實體消費的過程就是 O2O 的模式。其典型模式是線下（實體店）體驗，線上（廠家網站）購買，由廠家親自發貨給顧客。

其實早在團購網站興起時，O2O 模式就已經開始出現了，只不過當時消費者更熟知團購的概念。團購商品都是臨時性的促銷，而在 O2O 網站上，只要網站與商家持續合作，那商家的商品就會一直「促銷」下去。一般而言，O2O 的商家都是具有線下實體店的，而團購模式中的商家則不一定。

O2O 商業模式的關鍵是在網上尋找、吸引潛在消費者，然後將他們帶到線下體體店面中去消費。以某傢俱電商的 O2O 模式為例，如右圖所示，其運用百度搜尋和其他導入流量，客戶去體驗館實地考察產品後下單，然後倉庫發貨。O2O 是支付模式和為店主創造客流量的一種結合（對消費者來說，也是一種「發現」機制），實現了線下的購買。它本質上是可計量的，因為每一筆交易（或者是預約）都發生在網上。這種模式應該說更偏向於線下的消費者，讓消費者感覺買得比較踏實。

O2O 模式典型的例子是滴滴打車、Uber、Gomaji、河狸家等。它們將行動中的車、移動中的人，通過網路連接到一起。計程車可以透過

手機聯繫到想要叫車的乘客，美甲師、理髮師可以不需要店面，直接到客戶家裡去服務，所賺的錢全歸自己。這個模式一經推出，許多人都在模仿。

某傢俱電商 O2O 模式示意圖

百度搜尋引擎流量

第七步
口碑轉化流量
★★★★★

第六步
商品評價

網上商城

第三步
後台作業

第一步
考察實物

第二步
網上下單

倉庫

客戶家

體驗館

第四步
調撥運輸

第五步
送貨安裝

⏩ 6. 平台商業模式

　　平台扮演的是中間人的角色，讓買賣雙方能順利交易，但其本身不負責製造商品或提供服務。多數人最早接觸的是「消費者對消費者」（consumer to consumer，C2C）平台，例如 eBay、Yahoo!、露天拍賣等。但其實還有 B2C、B2B、B2B2C 等多種形式。

　　而時下火熱的電商平台，卻是運用既有的零散資源，透過公平、透明與有效率的交易機制，降低買賣雙方的交易成本。例如 Airbnb 提供平台，媒合了有閒置房間的人與有居住需求的人。Uber 沒有汽車，Airbnb 本身沒有旅館，利用共享經濟卻能發展成為全球數一數二的規模。

　　一旦平台達到規模，將對外築起很高的進入障礙。因此，平台自然會呈現大者恆大的局面。這也是什麼 Uber、餓了麼、Amazon、Zalora 等平台能募到源源不斷的資金，持續燒錢──因為資本市場相信只要燒贏了，將對手擊退，就是贏者全拿的局面。

　　擁有大量流量的入口網站或社群網站，如 Facebook、Google、WeChat 或 LINE 等，都逐漸將觸腳伸入電商，企圖扮演平台角色。例如 Facebook 在粉絲頁新增了「優惠」功能，讓供應商可以直接在粉絲頁上做生意。中國的微信則讓賣家透過訂閱帳號與在朋友圈中開設微店的方式販售商品。LINE 在推廣 LINE PAY 的同時，也讓商家可以在 LINE 裡面開設商店。

　　隨著網路普及，人們能快速地在網路上交換資訊，更適合平台這種分散式模式。近來有業者推出全球專屬的導遊平台，以行動應用程式連結導遊和旅客的平台「wogogo」，透過 NETVERIFY 護照辨識驗證系統，確保旅客與導遊雙方的身分安全、客製化主題行程、自主活動體驗時間、直接諮詢溝通系統等為主的專屬機制與服務；旅客們可以透過 APP Store 或至「wogogo」官方網站進行下載，與「wogogo」所精選配對的在地導遊進行即時溝通行前的規畫安排、旅途中的專屬導覽，到旅程結束後的完美紀錄，提供旅客專業、專屬、貼心、尊榮的服務，讓旅客享受「專屬導遊，賓至如歸」的旅行體驗，是台灣首家合法的旅行界 Uber。

　　現在平台業者利用網路無疆界的特性與數位金流的便利性，將零散資源一一串起，開放平台及共享經濟讓企業贏者全拿。互聯網平台的基礎是大規模的用戶量，這就要求一切必須以更好地滿足用戶的需求為導向。Apple 推出的開放分享平台 APP Store，讓其本身不必開發所有手機軟體 APP，扮演大平台商，2011 年美國市值最大的企業是

ExxonMobil，然而在 2016 年就已經完全被 Apple 超越了。平台模式的精髓，在於打造一個多方共贏互利的生態圈。

　　你想成為淘寶的馬雲還是被滅掉的 NOKIA？我們沒有辦法選擇要不要使用「互聯網＋」，就像你沒有辦法選擇不使用電話，因為未來每一個國家、每一個人都會使用它。對於企業，對於你我而言，用什麼樣的方式去掌握好這個工具或武器十分重要。

　　所以，面對這樣一個「互聯網＋」的時代，你可以選擇學習馬雲打造平台，建立一個線上銷售與售後系統，給大家使用，實現獲利！或是你可以選擇成為第三方企業，例如物流公司、培訓教育機構、技術服務機構，來教育和服務企業和消費者，實現獲利。還有一種就是做「連接」，專注在如何去連接用戶，去持有消費者資源，然後與多家企業交換資源，來實現獲利。為什麼？因為未來商場上的競爭，不再是產品的競爭、不再是通路的競爭，而是資源整合的競爭，是用戶的競爭，只要你能夠掌握資源，擁有用戶，不管消費者他想要購買什麼產品、消費什麼服務，你都能夠賺錢、盈利！如果你手上持有 10 萬個消費者粉絲，那麼你可以賣手機、賣汽車、賣鍋子、賣化妝品……只有你有消費者，你想賣什麼都可以，到時候你要做的事情只有一件，就是把消費者與企業連接起來，然後讓消費者從中獲得實惠，讓企業獲得收益！

「互聯網＋」的趨勢──
從消費互聯網到產業互聯網

未來三十年，一定不只是互聯網公司的天下，未來三十年是用好互聯網技術的公司、是用好互聯網技術的國家的天下，是用好互聯網技術的年輕人的天下。

──阿里巴巴創辦人　馬雲

馬雲表示，未來互聯網沒有邊界，就像電沒有邊界一樣。

馬雲說：其實互聯網並不僅僅就是上一個網那麼簡單，我覺得未來機會，是共同合作，共同打造未來，互聯網經濟把虛擬經濟和實體經濟聯合一起。只有這兩個結合起來，才是真正的贏。

互聯網＋──從 IT 時代到 DT 時代

DT 是資料處理技術（Data Technology）的英文縮寫。2014 年 3 月，在北京舉行的一場大數據產業推薦會上，阿里巴巴集團創始人馬雲說道：「人類正從 IT 時代走向 DT 時代」。所謂的 DT 時代，其實也可以稱為大數據時代。前面我已經講過，大數據是「互聯網＋」的四個關鍵字之一。

馬雲提出的人類正從 IT 時代走向 DT 時代，正是互聯網在未來的發展趨勢。最早提出「大數據」時代到來的是全球知名的諮詢公司麥肯錫，麥肯錫對此的描述是：「資料，已經滲透到當今每一個行業和業務職能領域，成為重要的生產因素。人們對於海量資料的挖掘和運用，預示著新一波生產率成長和消費者盈餘浪潮的到來。」

大數據是繼雲端運算、物聯網之後的又一大顛覆性的技術革命。雲端運算主要為資料資產提供了保管、訪問的場所和管道，而資料才是真正有價值的資產。

企業內部的經營交易資訊、互聯網世界中的商品物流資訊、線上人與人交互資訊、位置資訊等，其數量將遠遠超越現有企業 IT 架構和基礎設施的承載能力，即時性要求也將大大超越現有的計算能力。如何靈活運用這些數據資產，使其為國家治理、企業決策乃至個人生活服務，是大數據的核心議題，也是雲端運算內在的靈魂和必然的升級方向。

在 DT 時代，資料會改變我們的生產方式，讓企業擁有增值的潛力與爆發力：通過對銷售大數據的分析應用，企業可以對消費者的需求有更精準的把握，從而進行更對路的生產；通過對使用者評價大數據的分析挖掘，企業能夠更具針對性地改善使用者體驗，從而促進產品行銷。而憑藉大數據的支撐，我們的居家生活、旅遊出行、投資理財將更為便捷、多樣化。

在 DT 時代，資料改變了我們的思維方式。某種程度上，大數據促進了商業生態系統的重構，從產品供應、行銷模式到競爭策略，誰掌握了大數據，誰就掌握了用戶。例如，叫車軟體、專車服務等對計程車市場的衝擊與顛覆；再如，如果是阿里巴巴或小米推出了微信，騰訊會怎樣？

所以，馬雲多次提出說，人類正從 IT 時代走向 DT 時代，正是準確而恰當地點明了未來的方向。但馬雲對 DT 時代的理解，具體而言有以下六點。

⮂ 1. DT 時代以服務大眾、激發生產力為主

馬雲認為，IT 時代是以自我控制、自我管理為主，而 DT 時代是以服務大眾、激發生產力為主的技術。簡而言之，IT 是以我為中心，DT

是以別人為中心。這兩者之間看起來似乎是一種技術的差異，但實際上是思想觀念層面的差異。

2. DT 讓別人越來越強大

馬雲認為，DT 時代的核心在於「利他」主義：「相信別人比你重要，相信別人比你聰明，相信別人比你能幹，相信只有別人成功，你才能成功。」「你幫助的人越強大，你才會越強大。」

3. DT 更講究開放、透明、分享及合作

馬雲認為，DT 時代更講究開放、透明、分享及合作。未來，大數據的雲端計算處理，將消除商業社會的邊界，讓一切商業主體相互自由連通，而這些都是建立在全世界資料資訊完全「透明」的基礎之上。

4. 從 IT 時代到 DT 時代，小企業是關鍵

在馬雲看來，從 IT 時代到 DT 時代，小企業變成關鍵。他認為互聯網一定是做昨天做不到的事情。那麼什麼事情昨天做不到？其實就是幫助那些小企業，解放那些小企業的生產力，能夠讓那些小企業具有 IT 的能力。「小企業的需求是很多的，需要物流、誠信、資訊、資料和支付，這整個體系，我們是沒有辦法全做完的，所以必須引進多元的合作夥伴，大家一起來做，每個人在這裡面拿到一點點，你才可能有機會成功。」

5. DT 時代重體驗，女性越來越「厲害」

馬雲認為 DT 時代一個非常重要的特徵是體驗。對於體驗，馬雲提出了一個比較新穎的觀點，他認為體驗時代會出現女人越來越厲害的現象，因為她們身上有著獨特的東西，懂得怎麼服務別人、怎麼理解別人、怎麼支持別人。所以，在未來的 DT 時代，可千萬不要小看了女人。

6. DT 時代最大的機遇和挑戰：能否把 IT 行業和傳統行業進行完美融合

馬雲認為在未來的二十年，那些不能和傳統行業進行完美結合的互

聯網公司將會被淘汰，同樣那些不能與互聯網技術、思想進行融合的傳統行業也將活不長久。能否把 IT 行業和傳統行業進行完美融合，這是未來 DT 時代最大的機遇，也是最大的挑戰，更是關乎能否把互聯網經濟做起來的關鍵。

 ## 未來是產業互聯網的時代

中國互聯網經過二十多年的發展，成就了百度、騰訊、阿里巴巴、京東等這樣的網路巨頭。這二十年，可以稱為「消費互聯網時代」，這些巨頭也是其中典型的代表。而在未來，由於「互聯網＋」的驅動，消費互聯網必然會被產業互聯網所取代。

1. 消費互聯網

消費互聯網的商業模式是通過高品質的內容和有效資訊的提供來獲得流量，從而透過流量變現的形式吸引投資商，最終形成完整的產業鏈。消費互聯網有兩個屬性：一個是媒體屬性，另一個是產業屬性。媒體屬性我們都理解，無須多解釋，產業屬性則是由為消費者提供生活服務的電子商務及線上旅行等組成，也就是以滿足消費者在互聯網中的消費需求應運而生。這兩個屬性的綜合運用使以消費為主線的互聯網能迅速滲透至人們生活的每個領域，影響人們的生活方式。在消費互聯網時代，互聯網以消費者為服務中心，以提供個人娛樂為主要方式。

當下，消費互聯網行業的格局基本穩定，百度、阿里巴巴和騰訊三大互聯網巨頭依託強大的資訊與資料處理能力以及多樣化的行動終端設備（Mobile Terminal，又稱為行動通訊終端，是指可以在行動中使用的電腦裝置，包括手機、筆記型電腦、平板電腦、車載電腦等。一般是指具有多種應用功能的智慧型手機和平板電腦。）的發展，在近幾年擴張迅速，並在電子商務、社交網絡、搜尋引擎等行業出現規模化發展態勢，

並形成各自的生態圈，奠定了穩定的行業發展地位。如圖所示。

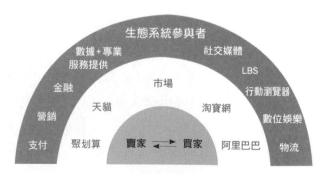

🔁 2. 產業互聯網

隨著政府對「互聯網＋」行動計畫的推進和行動終端的多樣化，互聯網還將創造從改變消費者個體的行為到改變各個行業，這可以稱之為

「產業互聯網時代」。

　　與消費互聯網相對比，產業互聯網更強調通過生產要素的優化配置、個性化設計與製造、各個產業間的協同提高效率和大規模應用智慧設備並共用資訊，以此來最大限度地降低對自然資源的損耗，提高產品對使用者的價值，增強經濟營運的整體效率。小米正是基於這種模式獲得了成功，是產業互聯網最典型的代表。

　　可以說，各行各業如製造、醫療、農業、交通、運輸、教育等都將在未來被互聯網化。

第三章

「互聯網＋」
是趨勢也是力量

Changing With

the Internet

互聯網是載體，也是一種能源，就像水、電一樣

未來，互聯網會像水、電一樣無所不在，電子商務商機無限。
傳統企業如果不插上互聯網的翅膀，將會被時代拋棄。

——易觀國際集團董事長兼CEO　于揚

網路從誕生的那天起，就在影響著世界、改變著世界，其對社會、經濟、生活的滲透已經「無孔不入」「無所不在」，我們的衣食住行、人際交往，企業的生產貿易、行銷宣傳等，都已經深深刻上了網路的烙印。

網路改變或改造原有生活方式已勢不可擋，電子商務、自媒體、物聯網、行動生活、互聯網金融、共享經濟、平台經濟……無數互聯網商業模式和應用創新，在帶給人們實惠和方便的同時，也構建起了一個巨大的互聯網產業，並在經濟發展中佔據越來越重要的地位。

互聯網會像水電一樣成為不可或缺的資源

在過去的二十年，由於互聯網的作用，與我們息息相關的行業，如傳媒、零售、百貨、物流等傳統行業都經歷了轉型或升級。而隨著互聯網在其他眾多領域的強力滲透，越來越多的傳統行業也開始「觸網」，嘗試全面轉型，交通、金融、餐飲等行業在互聯網的作用下，不但給用戶帶來了全新的體驗，企業自己本身也找到了更有發展的利潤空間。

當下的企業資訊化正向著企業互聯網化演進，互聯網行銷、通訊、

管理等各個面向直接影響著各類企業的轉型發展。在雲端運算、大數據和行動網路的催化下，互聯網勢必像水電一樣成為人們生產、生活中不可或缺的資源。試想，如果有一天我們沒有了網路會怎麼樣？即時通訊工具（LINE、QQ、微信）不能用、不能線上購物、不能線上訂票、不能線上傳輸照片或檔案⋯⋯是不是就彷彿沒了水電一樣呢？

對於「互聯網＋」未來的圖像，人們普遍的預測是萬物互聯。阿里巴巴集團總參謀長曾鳴曾這樣描述：「未來將是如此：任何人、任何物、任何地點、永遠線上，即時互動」。想像一下，萬物互聯的世界，會是怎樣一幅景象？以前，對於「萬物互聯」，我們更多的是在科幻電影中看到這樣的場景，如今，它正在成為現實，而這一切都緣於「互聯網＋」。

伴隨著海量資訊幾乎無成本地全球流淌，伴隨著人與人、人與物、物與物的無限自由連接，所有的一切觸手可及。

軟銀創始人孫正義的預言是：「未來，所有的事情會通過物聯網被連接起來。無論是眼鏡，還是衣服、鞋子、車子等，甚至一頭牛都有可能被物聯網連接起來。」今天每個人大概只有兩個行動裝置，但三十年後，每個人被連接的設備數量會達到一千個。如今的互聯網已經連接了100億～150億台設備。但根據思科公司的估計，目前全球只有不到1%的實物是連接到互聯網的，而99.4%的實物尚未實現互聯。

在未來，互聯網也會成為「傳統行業」

馬化騰曾說，互聯網未來就像電和水一樣，每一個行業都可以拿來用。目前，互聯網在醫療、環保、零售等各行業的運用已日漸成熟。今後，越來越多民生服務也可以和互聯網融合，讓生活更便捷。

互聯網不是新經濟、新領域獨有的東西，它會像蒸汽機、電力等工業化時代的產物，是讓所有的行業應用的工具，讓所有行業煥發生機。

而很多互聯網產品其實就像一個連接器，連接人和人、設備和設備、服務和服務、人和設備、人和服務，如當下流行的各種叫車軟體，就是連結了人和服務。

在互聯網時代，影響人們的不但有互聯網產品，還有互聯網思維。用口碑行銷、粉絲文化創造出一線互聯網化的產品，如小米、特斯拉、三隻松鼠堅果、海底撈等都是用互聯網思維運作而成功的，成為人們口口相傳的口碑，這是未來非常值得關注的部分。在未來，當所有企業都互聯網化，互聯網最終也會成為「傳統行業」，像水和電一樣。不過，互聯網的發展還需要網路供應商的服務做進一步的提升。

在美國，人們就像用水電一樣使用互聯網，而國內用戶現在還不能享受到這樣的便利。現在因為流量經營體系不夠完善，「非上網吃到飽」的用戶每月用不掉的流量也需要買單。舉例而言，假如你是中華電信的用戶，每個月的套餐流量是 300M 或者更多，那麼每個月用不完的流量不會保存到下一個月，費用也不會退給你。但用水、用電就不是這樣，是採取用多少算多少，完全由用戶控制，這樣才不會造成浪費。隨著網路的日益普及，相信在不久的未來這樣的情況會有所改觀。

要和其他行業結合起來才能夠爆發出巨大的潛能

互聯網還有很多值得開發的地方，而且要和其他行業相結合才能爆發出巨大的潛能。

「二維碼」（二維條碼是指在一維條碼的基礎上擴展出另一維具有可讀性的條碼。常見的形式 QR 碼 Quick Response，方便快速讀取資料）掃碼雖然產生得很早，但直到行動網路的普及，智慧手機的 QRcode 掃描器 APP、微信內置這一功能後才被廣泛應用，真正發揮其巨大作用。現在，如果你在商場裡看到一款中意的商品，就可以通過掃描 QR 碼獲

得商品的資訊，和商家進行多媒體互動，這種體驗對用戶來說是非常流暢的。

　　而對商家來講，二維 QR 碼也是連接消費者與產品、品牌、企業的一個連接器，透過這個連接器，商家可以把更多的資訊傳遞、展示給使用者。

　　手機支付在未來也是一個主流，現在的支付寶體現的就是「互聯網＋銀行」的理念：用戶把銀行卡的錢直接轉給支付寶，這樣就省去了中間通路成本，用戶也有更好的體驗。支付寶的特點是為用戶網上購物提供了簡單、安全、便捷的購買和支付流程。同時支付寶以穩健的特點、先進的技術和敏銳的市場預見能力，贏得了銀行、國際機構和合作夥伴的認同。

　　自從 Apple Pay 成功登台後，在國外通行多年的 Samsung Pay 和 Android Pay 也將進軍台灣，市場將掀起行動支付大戰。目前有支援 Apple Pay 的信用卡發卡銀行有國泰世華、中國信託、玉山、渣打、台北富邦、台新與聯邦等七家銀行所發行的信用卡。不論是 Apple Pay、 Samsung Pay 和 Android Pay，皆須綁定銀行信用卡，透過手機支付 APP，通過指紋或密碼等驗證，即可完成付款。實現了出門就算不用帶錢包，只靠手機也能輕鬆付費！

　　Apple Pay 的設定相當簡單容易，打開 iPhone 中的錢包 APP「Wallet」， 加入以上這些銀行的信用卡或金融卡，你的發卡行驗證完畢後就可以使

用了。Apple Pay 除了比傳統信用卡還安全之外，只要簡單「一個」步驟（不需簽名也不需輸入密碼）就能完成付款。使用時手指輕貼在指紋感應器上（指頭放在 Home 鍵上），一靠近感應刷卡機，會立即喚醒螢幕，請求消費者確認，就付款完成，不需解鎖，安全又便利。

　　為什麼說它比傳統信用卡還安全呢？因為每次使用 Apple Pay 付款時，皆會出現一組隨機號碼，也就是獨特的交易代碼，絕對不會將卡號洩露給店家，商家與收單機構都不會知道使用者的信用卡卡號，降低刷卡人在商家或收單機構信用卡資料被盜風險，知道刷卡者卡號的只有聯合信用卡中心、Visa 與發卡銀行三者。因此安全性相對更高，同時也保障了個人購物隱私。

　　台灣行動支付市場上競爭激烈，雖然民眾對於行動支付方式尚感陌生，台灣本土業者與國際業者已經卡位等待市場大爆發。在支付工具方面，幾家取得電子支付執照的非金融機構業者如歐付寶、橘子支和國際連，在 2016 年下半年陸續開業，提供儲值業務，但這些服務目前主要都還是以線上使用為主，多未結合線下場景，再加以實名制門檻較高，使用限制都也相對更多，因此綁定信用卡仍是市場上的大宗。

　　對於 Apple Pay 來說，最具競爭力的對手，當屬 LINE Pay。在台灣已經有超過 1,700 萬用戶的手機裡面都有 LINE，也就是說 LINE Pay 在起步就佔了先天優勢，更別說 LINE Pay 還聯合中國信託大手筆請來朴寶劍和宋仲基兩大當紅韓星發行聯名卡，並結合超商發出高回饋 LINE Points 點數。

　　台灣行動支付公司總經理潘維忠表示，目前台灣行動支付的 HCE 手機信用卡平台，已獲得中國信託、台新銀行、台灣銀行等 14 家機構採用，未來這個平台會推出綁定金融卡的功能，也會與活期存款帳戶、數位存款帳戶結合，讓民眾在轉帳、繳稅、繳費、領現等日常生活所需服務，

更加方便。

再例如房地產業，萬科也正在嘗試用互聯網思維來做住宅，包括重視用戶體驗，圍繞體驗進行創新。例如，如何把萬科物業做得更好；在社區的周邊引入什麼樣的店鋪；提供什麼樣的社區服務業主最喜歡等。不僅如此，萬科還站在一個用戶的角度，將互聯網滲透到社區，把社區內的所有樓宇、物業都與網路連接在一起，通過行動互聯的方式解決在社區的一切問題，打造真正的智慧社區。

「互聯網＋」是種能力，
啟動更多訊息能源

今天互聯網已經不僅僅是上網看新聞、購物、玩遊戲或聊天，而必須成為整個社會發展進步巨大的能源和動力。如果我們還僅僅只是把互聯網當成一種工具，那樣就像曾經把我國發明的火藥只當做煙火和炮仗，而別人早已把它當做機器。

——阿里巴巴創辦人　馬雲

騰訊公司在北京釣魚臺國賓館舉辦「勢在必行—— 2015『互聯網＋中國』峰會」，與五百位政府官員、各地領導一起，共同就「互聯網＋」主題展開探討。騰訊董事會主席兼首席執行官馬化騰在演講中提出一個問題：「互聯網到底怎樣定義？」最初傳統行業認為互聯網是虛擬經濟，而當互聯網發展越來越迅猛的時候，大家又把它定義為一個對傳統產生顛覆、衝突和替代的事物。他認為這些認識都不是互聯網的本質。

 ## 「互聯網＋」是一種對資訊能源的啟動

在馬化騰看來，互聯網本身是一個技術工具、一種傳輸管道，「互聯網＋」則是一種能力，多了一個加號意義大不相同。互聯網不是萬能的，但互聯網將「連接一切」；不要神化了「互聯網＋」，但「互聯網＋」會成長為未來的新生態。

隨著行動網路的興起，越來越多的實體、個人、設備都連接在了一起，互聯網已不再僅僅是虛擬經濟，而是主體經濟社會不可分割的一部

分。經濟社會的每一個細胞都需要與互聯網相連，互聯網與萬物共生共存，這成為大趨勢。

「互聯網＋」生態，以互聯網平台為基礎，將利用資訊通訊技術（ICT）與各行各業的跨界融合，推動各行業優化、成長、創新、新生。在此過程中，新產品、新業務與新模式會層出不窮、彼此交融，最終呈現出一個「連接一切」（萬物互聯）的新生態。

「互聯網＋」與各行各業的關係，不是替代，而是「＋」（加）上。各行各業都有很深的產業基礎和專業性，互聯網在很多方面是取代不了的。

馬化騰經常用電能來做比喻打比方，他認為現在的互聯網很像帶來第二次產業革命的電能，與各行各業結合之後，能夠賦予後者新的力量和再生的能力。

如果大家錯失互聯網的使用，就好比第二次產業革命時代拒絕使用電能最後終將被淘汰。確實，「互聯網＋」就像電能一樣，把一種新的能力或 DNA 注入各行各業，使各行各業在新的環境中實現新生。例如，在互聯網平台上，文學讀者、影視觀眾、動漫愛好者、遊戲玩家之間的界限變得越來越模糊。遊戲、動漫、文學、影視也不再孤立發展，而是通過聚合粉絲情感的明星 IP（智慧財產權）互相連接、共融共生。可以說，「互聯網＋」給各個傳統文化娛樂領域帶來了一種新生。

IP（Intellectual Property），泛指網路、改編小說等智慧財產內容。根據中國骨朵網路影視統計，世界前 20 大票房電影中，由 IP 改編的電影占了八成；在中國前 20 大票房電影中，IP 電影就有 14 部，占比七成。隨著一批改編自網路文學的電影和電視劇的播出，從《左耳》《小時代》《甄嬛傳》到《何以笙簫默》，再到如今熱播的《琅琊榜》，「IP」這個詞已從單純的「知識產權」演變為泛指有大量粉絲基礎的網路原創文

學。

當大家都在缺編劇、缺劇本時，中國的克頓傳媒從大數據中，發掘已有粉絲群眾的網路小說家，《何以笙簫默》的作者顧漫就是其中之一。《何以笙簫默》《杉杉來了》《錦繡緣華麗冒險》等小說本身就擁有廣大的原著粉，容易引發電視劇話題的發酵和討論。接著則是讓觀眾參與前製工作，像是在網路上開放投票，決定由誰來演？該怎麼拍？在開拍之前就廣受關注，其背後強大的粉絲效應與吸金潛力也吸引了眾多投資方的目光。

這種 IP 開啟全新的娛樂產業商業模式，以不同故事的 IP 為核心，可以向外延伸多種 IP 衍生商品，在其他領域進行改編、創作。例如「精靈寶可夢」就是源自於卡通「神奇寶貝」，是許多七、八年級生的童年回憶，玩家們可以走上街頭在遊戲時根據地圖尋找昔日卡通中熟悉的角色，能身歷其境地享受抓寶的樂趣，所以游戲一推出即大受歡迎。

在互聯網思維影響下，這種粉絲與作品和作者間的有效互動，可以大大提升網絡文學本身的知名度和影響力，從而反作用於粉絲養成。其號召力相較當今的一線大牌明星，有過之而無不及。圍繞明星 IP 打造粉絲經濟，正是目前大勢所趨。

 ## 騰訊只做兩件事：連接器和內容產業

馬化騰在一次演講中曾說，騰訊的定位很清晰，也很簡單，就做兩件事情：第一就做連接器，通過微信、QQ 通訊平台，成為連接人和人、人和服務、人和設備的一個連接器。騰訊不會介入到很多商業邏輯上面去，而是只做最好的連接器；第二則是做內容產業。內容產業也是一個開放的平台。其實，在過去的兩年時間裡，馬化騰在各種場合提到最多的詞是「連接」，並說騰訊要做互聯網的「連接器」，希望實現「連接

一切」。連接，是互聯網的基本屬性。QQ、LINE 首先就是為了滿足人與人的連接這個最基本的需求而存在的。現在，騰訊要把人與服務、設備和內容源等連接起來，開始實現互聯互動，虛擬與現實世界的邊界已經模糊。

幾年前，當我們第一次訪問一個網站或者論壇時，還需要為註冊使用者這樣的瑣事費心，不同網站需要設置不同的密碼，但近兩年情況卻不同了：現在登入很多網站時可以直接用 FB 或 QQ 帳號登入，無須另行註冊，LINE 也是一樣。只要在後台運行 QQ，登入連輸入 QQ 號和密碼的步驟都可以省略，十分便捷。

這就是騰訊旗下的 QQ 互聯。QQ 互聯提供了一整套 API 應用程式設計發展介面規範，使得合作廠商網站可以通過簡單的加入代碼，就可以實現 QQ 帳號的登入功能。對於用戶而言，不僅是方便，並且安全性也大幅提升，QQ 互聯僅僅提供了帳號認證的介面，協力廠商並不能知曉使用者的私密資訊，這樣的接入使得用戶也不必再為這幾年越演越烈的網站使用者密碼資料洩露事件擔心。

連接，是一切可能性的基礎。未來，「互聯網＋」生態勢必建構在萬物互聯的基礎之上。過去，企業自上而下地進行市場推廣，現在則需要基於傳感、資料去感知每個使用者在每個瞬間的位置、需求、行為，快速理解和響應每一個具體的需求和行為，甚至和不同的人進行情感交流，產生共鳴。

「互聯網＋」需要的是融合、改造、創新

確實，「互聯網＋」代表的是一種能力，特別是一種創新融合的能力。馬化騰認為，互聯網正跟傳統產業融合，互聯網金融、互聯網交通、互聯網醫療、互聯網教育等新業態正是互聯網與傳統產業人融合的產物。

可見，「互聯網＋」對傳統產業的改變首先從融合開始。資訊要素融入傳統產業各個環節中，通過資訊交換節約時間成本、減少重複環節、提升效率，然而，傳統產業的運作方式和內容並沒有發生本質的改變。以「互聯網＋」在醫療行業的應用為例，患者能夠通過手機端預約掛號、查看排隊人數、下載檢驗報告等，但是醫生以前怎麼看病，現在依然怎麼看病。

進入第二階段，互聯網才開始實實在在地改造傳統產業。以時下大熱的 O2O 模式為例，通過「互聯網＋」將供需資訊在實際發生之前就透過買家和賣家之間的資訊互換實現最佳匹配。

其實，「互聯網＋」改變傳統產業的終極模式，還要回歸到創新上，用新的、創造性的力量替代原有的低效率生產組織形式、資源配置方式。這種創新，依靠傳統產業自身的生產要素重組很難實現，因而需要借助「互聯網＋」的潛在能量。

從技術工具到資訊能源

> 不要把互聯網僅僅當成一種工具，必須要將其當成整個社會發展、進步的巨大能源和動力。
>
> ——阿里巴巴創辦人　馬雲

從傳統意義上來看，互聯網只是一個技術工具，但隨著互聯的發展，特別是「互聯網＋」這種創新思維模式的提出，越來越多的人認識到，互聯網已經不僅僅再是一個工具而已。

小米科技的 CEO 雷軍認為，互聯網不僅僅是一個工具，更多的則是一種觀念，其核心思想是七字訣「專注、極致、口碑、快」。用互聯網的思想來提升自己後，做任何事情將可以是戰無不勝、攻無不克。

團貸網 CEO 唐軍在一次演講中說：「我們不應該把互聯網當成是一種工具。如果說今天還把互聯網當成是一種工具的話，我覺得在未來的五年和十年，我們會很難適應這個社會。」

阿里巴巴集團董事局主席馬雲在一次大會的開幕式上也說，不要把互聯網僅僅當成是一種工具，必須要將其當成整個社會發展、進步的巨大能源和動力。

馬化騰的觀點更直接，他在一次演講中給了互聯網一個新的定義——**資訊能源**，他認為和第二次工業革命類似，像蒸汽機和電力一樣，互聯網應該定義為第三次工業革命的一部分。

筆者比較贊同馬化騰對未來互聯網的這種定義，因為現在大家已經能夠看到互聯網本身所具有的巨大能量。什麼是能源？其抽象的含義是指「提供能量轉化的物質」。那麼，如何理解所謂的「資訊能源」呢？這種「能源形態」的能量轉化過程一般是怎麼發生的呢？

⇨ 1. 訊息和黑盒

　　資訊，指音訊、消息、通訊系統傳輸和處理的物件，泛指人類社會傳播的一切內容。人們透過獲得、識別自然界和社會的不同資訊來區別不同事物，得以認識和改造世界。在一切通訊和控制系統中，資訊是一種普遍聯繫的形式。

　　我們常提到的「資料」這個詞，就是資訊在互聯網領域的表現形式，而「黑盒」是互聯網處理資料資訊所遵循的一種電腦軟體程式的一種基本原理方法。這種原理方法不考慮內在的處理方式和過程，只把黑盒當成一個整體，資料進行了封裝和隱藏，而用戶只是拿來使用就可以了。至於說黑盒內部發生了什麼，我們不清楚，或者說我們是不關心的。而這些我們不清楚、不關心以至於也不理解的過程，恰恰是「資訊能源」能量轉化過程中最關鍵的步驟。

⇨ 2.「黑盒」把「資訊能源」進行了能量轉化

　　整個互聯網經濟的崛起過程，始終是從累積資料開始的。互聯網公

司想盡各種方法，獲取使用者貢獻的資料，最典型的手段就是免費。例如，很多公司提供免費的軟體和服務，這樣就可以獲得很多使用者的流量和資料。

2007 年 4 月，Google 推出了 Goog-411，提供了一個以語音辨識為基礎的商業性電話公司諮詢服務。用戶只需撥打 1-800-GOOG-411 即可得到多種全自動的語音辨識搜尋服務，如使用者想訂一個「披薩」，就會獲得加拿大當地多家披薩店的資訊，並且使用者可以選擇是否要把電話直接轉接到披薩店。

411 是美國常見的電話查詢服務，在 Goog-411 推出之後，全美境內每年有 26 億次 411 撥叫，市場規模可達 70 億美元。但是，Goog-411 服務完全免費，使用者通過撥打電話使用這項服務，完全是透過機器提示音進行操作。

三年之後，2010 年 11 月 12 日，Goog-411 服務宣佈關閉。原本，Google 推出該服務的初衷是為了搜集語音資料，為正在研發中的語音助手（也就是我們現在用到的 Google Now）建立資料庫，壓根就沒有去想什麼 70 億美元的市場。換句話說，通過 Goog-411 這個「黑盒」，用戶全都成了 Google 設計語音助手的免費勞動力。

所以，從這個例子中我們可以看出，資料，或者是資訊才是「黑盒」起作用的最關鍵因素。有了資料，互聯網公司才可以設計「黑盒」。針對不同的資料，「黑盒」內部又有不同的設計實現，根據需要來完成不同的「資訊」能量轉化過程。沒有資料，「黑盒」就無從談起。

最近在網路上流傳著一篇「**羊毛出在狗身上，豬買單**」的文章，你一定覺得奇怪，羊毛不是出在羊身上嗎？又怎麼變成然是豬來買單。一般我們理解的是「羊毛出在羊身上」。「羊」指的是客戶，「羊毛」指的是金錢，這說明了客戶所獲得的好處，都是用自己口袋裡的錢交換來

的，也就是客戶用自己的錢買的。但在在互聯網＋時代下，變成了「羊毛出在狗身上，豬來買單」，舉例說明，前些日子，我收到一條簡訊：

「台新銀行感恩回饋，特定貴賓邀約，恭喜你可以獲得 × 月 × 日晚間，於台北南港舉辦之台新銀行貴賓之宴，五月天演唱會。門票兩張，請 × 月 × 日之前，洽詢你的理專登記，逾期未登記，視同放棄，此簡訊只限定特定貴賓，轉傳無效」。

五月天辦了一場演唱會，我去看這場演唱會，要不要錢？不用花錢，誰出錢？台新銀行。因為我跟理專打電話報名，所以理專一定會特別再向我介紹最近又有些什麼樣的理財產品，他為我說明了我目前投資的狀況是如何，及接下來應該如何、一定會提醒我應該做一些調整和改變，因此我認識了更多台新銀行的理財產品。

所以我看演唱會，原本應該要付錢的，結果我並沒有付錢，而是台新銀行付了這筆費用；本來五月天應該跟我收錢的，他們卻沒有收到我付的錢，而是台新付了這個錢，這是因為台新銀行會從理專為我推薦其他的產品服務時，而能賺回更多的錢，所以現在這所有的活動都已經用這樣的模式在運作，已經不是找單一的人、拿單一的錢、做單一的事，而是運用了混合的概念在做事。

其實這也能說明前面所說的「資訊能源」的轉化過程。「羊」是客戶、「狗」是商品公司、「豬」則是想獲得數據的公司。為什麼「豬」會願意幫客戶買單呢？例如，一家公司靠免費軟體累積使用者，再將用戶流量賣給協力廠商。雖然從表面上看它是軟體公司，但是軟體都是免費提供的，用戶流量才是其真正賺錢的源泉。對於使用者來說，有免費軟體用就夠了，他們並不關心這家公司是怎麼賺錢。比如說，獵豹是賣防毒軟體的嗎？表面上是賣防毒軟體，但其實賣的是廣告。它免費提供了防毒等工具類的服務，但卻也藉此知道用戶在手機裡面安裝了什麼樣的應

用 APP，了解這個用戶可能會喜歡什麼樣的廣告或什麼服務，再透過推薦來實現獲利。

羊毛不再出在羊的身上，廠商賺的錢不再是買賣單一商品所帶來的利潤，而是透過各種優質的服務內容，例如「免費外送」或「紅利回饋」等方式來吸取客源，獲取大量的消費者聚集。待平台規模擴大後，再賺其他第三方廠商的錢，例如廣告商。很明顯看得出來，由於「資訊」的價值加入，三者在「金錢」、「商品」、「資訊」上各取所需，皆大歡喜。

這個例子在一定程度上描述了「黑盒」裡面發生的事情。「資訊能源」在這裡將免費軟體轉化為使用者流量，正是這一步關鍵的轉換，打通了整個鏈條。除了提供免費服務來獲取資料以外，收購有資料的公司也是一種最直接且有效的方式。

2010 年 2 月，Facebook 收購了馬來西亞的一家叫作 Octazen 的創業公司，就是因為 Octazen 有一個龐大的資料庫，這是 Facebook 唯一看中的地方。

當累積資料的工作完成到一定進度，也就是我們最近常說的「大數據」階段，針對各個行業設計「黑盒」的工作，就可以進入到「互聯網＋」這一層次了。要知道，互聯網行業有大量的「資訊能源」迫不及待地要到「黑盒」中做能量的轉化。

→ 3. 使用者資料──「互聯網＋」時代的金礦

互聯網上的海量資料隱藏著巨大的待開發資源，已成為業界公認的觀點。如果對這些資料進行適當的分析、研究，那就是「互聯網＋」時代一座巨大的金礦。有人讓搜尋引擎充當「預言家」，其實，搜尋引擎只是對互聯網資料利用的「冰山一角」而已。海量的資料除了用來做預測，更蘊含著巨大的商業價值。舉例來說，如果某品牌想在國內幾個大城市進行促銷活動，出於利益最大化考慮，它們最想知道哪些城市的消

費者對打折最有熱情、最敏感。網路搜尋的資料指出，北京、上海、天津、深圳四個城市的消費者搜尋「打折」這一關鍵字的次數最多。同樣，要想知道川菜、湘菜、粵菜各種菜系哪一種受關注度最高，網路資料的趨勢分析也能給出答案。

除了關鍵字搜索，還有大量的資料資訊每天在網路上發佈。對於互聯網公司來說，在法律許可前提下，掌握的資料資訊越多，可供加工、分析的方向也越多，商業價值就越高。正因如此，繼 Google2006 年推出「趨勢」服務之後，百度也推出了類似的「指數」服務，從互聯網公司購買資料分析服務，成為越來越多商業機構市場調研的首選。

可見，資料在「互聯網＋」時代的重要性不言而喻，資料存儲、資料採擷以及處理和分析大數據的相關技術比以往任何時候都更受關注。

是傳統企業的助力不是阻力

傳統企業需要互聯網化，但不會被互聯網企業取代，互聯網化是漸進的、可單點突破的。

——浪潮集團董事長　孫丕恕

「互聯網＋」來了，並非「狼來了」，它不是要取代和顛覆傳統產業的，而是傳統產業的助力器。

互聯網、行動網路的價值在於它可以對現有行業潛力進行再次挖掘，用新技術和新思維重造傳統產業。現階段，服裝、房產、餐飲、電影、家居等與人們生活息息相關的領域都在發生著「互聯網＋」式的升級。

電商就是互聯網與傳統產業融合的代表

從互聯網與傳統產業的融合過程看，電商是「互聯網＋」滲透下最早也最具代表性的行業。互聯網＋百貨＝京東、PChome；互聯網＋超市＝ 1 號店、HUG 網路超市；互聯網＋母嬰用品＝ MallDJ 親子購物網、紅孩子；互聯網＋女性時尚＝唯品會。

通過與互聯網的融合，電商省掉中間環節，將商品直接從生產商送到消費者手中，減少了通路成本和物品搬運次數，大大提升了整個社會的交易效率，降低了社會損耗和交易成本。現在，電商行業發展也日趨成熟，經歷了 B2B、B2C，到 O2O 的升級，這將更加有利於各個傳統產業與互聯網的融合。

國美線上副總裁黃向平曾說：「電商的最終歸屬是用戶體驗，電商必須重視用戶需求。不管是用戶購物環節的體驗，還是購物環節的順暢性，其核心都是用戶對商品重要的需求、然後就是價格需求，後續的物流配送和售後服務。」這不僅是國美線上在業內做得風生水起的原因，也是值得所有傳統企業借鑒的寶貴經驗。

「互聯網＋」為傳統製造產業注入資訊能源

隨著工業 4.0 戰略的部署實施，傳統製造業未來也會走上智慧生產、智慧物流、高度資訊化發展之路。而這一切都要依託「互聯網＋」為傳統製造產業注入資訊能源，使傳統製造業在生產、管理與銷售全程都實現智慧化。

因此，「互聯網＋」的意義在於幫助傳統產業提高效率，優化服務體驗，讓資訊流動更快、更透明，社會資源的匹配和經營效率大幅提升。所以傳統產業的企業在面對「互聯網＋」大潮的時候，應該積極擁抱它帶來的變化，讓自身能夠更好地把握發展機遇。

很多企業認為傳統企業要實現與互聯網融合有不少天然的障礙，其實，傳統企業進入互聯網也是有很多優勢的，它們對行業熟悉度高，了解線下經營的一系列商業運作，擁有多年累積的品牌管道優勢，這些都是互聯網行業所缺乏的。

互聯網與傳統企業相互融合，不僅僅局限於零售、百貨等行業領域，其實在很多領域都有體現。

汽车之家 autohome.com.cn	為使用者提供有關汽車的所有資訊——汽車報價、汽車圖片、汽車新聞等，是提供資訊最快、最全的中國汽車網站，廣告是其最主要的收入。	互聯網＋汽車
Ctrip 攜程	幫助客人預訂飯店、機票等，客人入住後飯店或訂機票給其返傭。	互聯網＋旅遊
58.com 同城	中國第一中文分類資訊網站，涵蓋房產、車輛、招工、兼職、黃頁等海量的生活分類資訊，滿足人們不同的查詢需求，同時也是人們最佳的免費發佈資訊網站。	互聯網＋分類廣告
TAXI	「滴滴打車」改變了傳統叫車方式，利用行動互聯網特點，將線上與線下融合，最大限度地優化乘客的叫車體驗，改變傳統出租司機等客方式，節約司機與乘客的溝通成本，降低空駛率，最大化節省司乘雙方的資源與時間。	互聯網＋交通
1號店 The Store	1 號店生鮮頻道是中國首家以自營模式試水生鮮領域的綜合電商平台，建立並拓展了農產品的銷售管道。	互聯網＋農業

可見，儘管傳統企業的互聯網化面臨種種挑戰，然而「互聯網＋」更多帶來的是市場機會。而傳統企業面對「互聯網＋」與傳統企業融合的挑戰，需要以「互聯、精細、智慧」企業網路化三部曲實踐「互聯網＋企業」。

◆「互聯」——通過互聯網，企業可以廣泛連接各種夥伴、優化業務模式、提高協作水準。傳統的生產、設計、採購、服務、行銷模式在互聯網的影響下，發生創新、優化、更替。

◆「精細」——互聯網時代仍然需要科學管理，對精細管理提出了更高的要求，將互聯網和新技術廣泛融入企業精細化管理過程，打造核心能力。

◆「智慧」——以互聯網、物聯網、大數據等為依託，經由商業分析、自動化等手段，提升企業洞察力、能動性、自組織能力，更

好地適應多變的新環境。

星巴克──互聯網＋傳統企業的典範

成立於 1971 年的星巴克是美國一家連鎖咖啡公司，也是世界最大的咖啡連鎖店，其在全球已經有超過 2 萬家分店。

到了 2008 年，星巴克也像很多企業一樣，在發展到一定規模時遇到了瓶頸：經濟形勢不佳，競爭對手強大，業績呈下滑趨勢，總之一句話：危機重重。於是，公司決定將霍華‧舒茲（Howard Schultz）重新請回 CEO 的位置，期盼這位意志堅定的創始人能像賈伯斯一樣力挽狂瀾，拯救星巴克。

重新回到星巴克的霍華做了幾個重要決策：依託互聯網，設立 CDO 職位；砸重金於數位網路的發展；進行手機付費方面的改革；開展社群網路行銷，藉此與顧客的步調保持一致。

這些調整取得了顯著的成績。星巴克的投資得到很好的回報，保持住了線上線下持續成長的勢頭。雖然時至今日已經很難找到一家不提供手機應用或缺少社群媒體戰略的大型公司，但星巴克在這方面的投入和行銷已經領先於零售業的同行，這就是優勢與制勝利器。如今，星巴克不僅是美國行動支付（Mobile Payment）規模最大的零售公司，其在 Facebook、Twitter、Pinterest 等社群媒體上也是最受歡迎的食品公司。

回歸後的霍華‧舒茲之所以堅定地向電子商務、手機支付和社群網路行銷轉移，原因很簡單──顧客在哪兒，星巴克就去哪兒。更何況新技術能把咖啡店內外的顧客關係緊密地聯繫在一起，這不但是以前的星巴克做不到的，也是大多數傳統企業做不到的。根據星巴克的資料，來店消費的顧客大部分都在使用智慧手機，不論是 Apple 的 iPhone，還是各種款式的安卓手機。吸引越來越多的顧客使用行動網路在星巴克消費，

這意味著能追蹤他們，以他們為核心用戶創建一個線上社區。較之以往，新方式讓星巴克得以與自己的顧客們建立前所未有的牢固關係。掌握顧客的消費習慣、口味喜好等資料，將使素來標榜用戶體驗的星巴克獲得非比尋常的優勢。

其實，霍華·舒茲作為星巴克的創始人在企業危急時刻回歸之後，並沒有研發出什麼新口味的咖啡飲料，他只是敏銳地嗅到這個時代最大的變化，那就是人們越來越離不開網路和手機。於是，舒茲便帶領星巴克這家傳統的咖啡連鎖公司，悄然掀起一場網路行銷革命。長期以來，星巴克的咖啡連鎖店之所以受消費者青睞，原因在於它提供的不僅僅是咖啡或餐點，而是一種生活方式。商家與顧客之間原本冷冰冰的買賣關係，被星巴克賦予了很多附加價值在其中。而現在，舒茲又把人們離不開的網路和手機迅速與星巴克的產品和服務相融合，可以說，這樣一來，想不成功都難！

現在的星巴克，可以說是最懂行銷，最能掌握顧客心理，最會做線上生意的咖啡連鎖品牌，全通路零售（即線下實體通路、線上電子商場通路、手機應用通路等的結合，全線融合同步發展）讓星巴克這個傳統企業獲得了無限生機。

霍華·舒茲曾這樣說道：「星巴克是一個致力於將人們聯繫在一起的品牌，即所謂『星巴克體驗』，而非僅僅一杯咖啡。當我們看到行動網路、社群媒體（Facebook、Twitter）已成為人們生活的一部分時，便重新定義了自己將人們聯繫在一起的方式，這讓星巴克意識到數位行銷的重要性。數位化行銷對公司的持續成功來說，與賣出咖啡一樣重要。」

第四章

行動網路——
未來消費的主戰場

Changing With
The Internet

隨時連網，行動經濟大放異彩

產業升級要借助行動互聯網這波機會，跨躍式地往前發展。

——天使投資人　王嘯

　　GSMA 在 2016 世界行動大會發布一項最新研究報告。該報告顯示，亞太地區行動用戶數量在 2015 年底已達 25 億，而到 2020 年該數字將增加到 31 億。這份名為「行動經濟：2016 亞太地區」的報告還顯示，在 2015 年，亞太地區有 62% 的人口曾註冊使用過一項行動服務，預計到 2020 年，該數字將進一步增加至 75%。而且在此期間，還將持續增加 6 億行動新用戶。

　　行動互聯網（行動網路），就是將行動通訊和互聯網二者結合起來，成為一體。4G 時代的開啟以及行動終端設備（Mobile Terminal，又稱為行動通訊終端，是指可以在行動中使用的電腦裝置，包括手機、筆記型電腦、平板電腦、車載電腦等。一般是指具有多種應用功能的智慧型手機和平板電腦。）的火熱發展必將為行動互聯網的發展注入巨大的能量，如下頁圖所示。

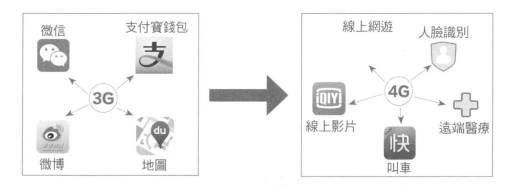

當下，PC 互聯網已日趨飽和，行動互聯網卻呈現井噴式發展。手機不再只是溝通工具，各式各樣的 APP 服務，以及手機不受地點、時間限制的特性，全天候滿足人們在社交、娛樂、生活資訊、購物等需求，讓使用者的生活重心逐漸從個人電腦轉移到行動端，且隨著高速行動網路的進步，預估用戶使用手機在影音娛樂、購物的時間將趨向延長。2015年 4 月，根據中國工信部發佈的資料顯示，在中國行動電話使用者規模將近 13 億，行動互聯網使用者規模近 9 億，而在 2014 年 4 月，行動互聯網用戶總數才 8 億多，可以說，中國行動互聯網發展已進入全民時代，以下這組資料更能證明這一點。

◆ 中國人每天平均要花 8 小時看螢幕（包括手機、平板電腦），而在全球範圍內這個平均值是 6 小時 50 分鐘。

◆ 中國人每天平均要花 158 分鐘的時間用手機上網，而在全球範圍內這個平均值是 117 分鐘。

◆ 中國人平均 6 分鐘看一次手機。

◆ 75% 的中國人有上廁所看手機的習慣。

可以說，行動互聯網讓互聯網成為了真正的互聯網，讓互聯網形成了一個世界。這個世界有自己的生存法則，如果你能在行動互聯網世界中建立自己的影響力，就可以用來影響物質世界。

行動互聯網處於「風口浪尖」

如果說「互聯網＋」是當前國內經濟的風口，那麼行動互聯網無疑是「風口浪尖」了。行動互聯網最大的意義在於其使互聯網從「需求」轉變為「狀態」。

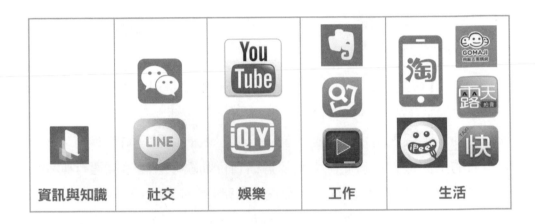

在未來的行動網路或者說物聯網世界中，電腦、手機、手錶甚至是眼鏡、鞋子都可以連接網路。由於網路基礎設施的高度發展，使用者對於網路連接狀態的關注將逐漸削弱，是否聯網不再是一個重要的課題，聯網之後的資料怎樣獲取與利用才是關鍵。

行動網路正是改變了資訊的獲取與連接方式，加速了資訊（資料）要素在各產業部門中的滲透，直接促進了產品生產、交易成本的顯著降低，從而深刻地影響了經濟的形態。行動互聯網的浪潮正在席捲我們的生活，新聞閱讀、影片節目、電商購物、交通出行等熱門 APP 都出現在智慧型手機或平板電腦上，在 Apple 和安卓商店的下載已達到數百億次，而行動裝置的使用者規模更是超過了 PC 用戶。

「當行動終端（智慧型手機、平板）使用者慢慢超過電腦 PC 使用者時，這標誌著人們正在進行一場史無前例的快捷『移民』，目的地只

有一個：手機。」這段話再次告訴我們：行動網路時代來臨，它必然會帶給我們生活方式、思維方式、企業運作戰略等方面的改變。近年來，無論是美國的 Google、Apple、Facebook，還是中國的騰訊、阿里巴巴、百度，都進行大手筆併購。未來的線上線下，將進行更有深度的滲透並最終完成全方位的融合。

對於行動網路的應用，未來的所有企業都應該做到以下兩點。

第一、企業應將行動網路作為提高效率的工具，在公司內普及行動終端，並將行動 OA、行動郵件、即時通訊等系統引入到工作的流程之中。

第二、針對客戶推出行動 APP、行動裝置等產品或解決方案。

這兩種方式一個是針對企業內部，優化管理、提高效率；另一個是針對企業客戶，吸引客戶，增強黏度。基於這兩點，企業完全可以根據自身的需求來選擇行動化的部署方式。

行動網路未來的發展特點

1.LBS 是趨勢

現在我們提起 LBS（Location-Based Service，LBS。又稱行動定位服務、適地性服務、位置服務），首先想到的可能是 Google Maps、高德地圖、百度地圖等，未來，LBS 將是行動網路中一個非常大的突破性應用。行動上網最大的特點就是「移動」，企業和商家可以把使用者其所在位置的資訊進行更多的服務和整合。以「餓了麼」為例，就是基於 LBS 打造的中國最專業的網上訂餐平台，哪怕你來到了某個陌生的地方，對周圍環境一無所知，可是你打開手機連上網路，就能方便地找到附近的飯店、餐館。對於百度來說，基於 LBS 的產品無疑是擁有過億用戶的百度地圖。於是，圍繞百度地圖，我們可以看到糯米網、百度外賣，甚至是專車等服務逐漸落實。

⤷ 2. 平板漸趨消亡

幾年前，小筆電（netbook）風靡一時，有人認為其會替代傳統筆記型電腦，但 iPad 上市後這個預測被無情地毀滅了。那麼，iPad 又會不會消滅傳統筆電呢？ 2014 年 Apple 公司的財報曾顯示，iPad 的銷量開始下滑。歸其緣由，平板電腦與手機的重複功能比較多，而且攜帶起來沒有手機方便，所以未來平板會漸漸淡出我們的視線。

⤷ 3. 獨立的 APP 更受青睞

在行動網路時代，獨立的 APP 成為新的觸點。很多手機用戶都非常鍾愛智慧手機上各式各樣的 APP，他們早已習慣用這些 APP 連上網路，從吃喝玩樂到辦公生活。

資策會產業情報研究所（MIC）進行「行動 APP 消費者調查分析」發現，國人每天使用的 APP 類型，以「社交通訊類（80.9%）」最高，其次為「行動遊戲類（35.3%）」、生活服務和資訊類（31.8%）、影音媒體（30.1%）」。每天開啟次數最多的 APP，前五名依序為「LINE、Facebook、YouTube、WeChat、Instagram」等通訊、社交類 APP，顯示台灣的手機使用戶對社交通訊 APP 黏著度極高，透過 LINE、Facebook 等進行社交活動已經成為生活常態。

台灣 APP Store 2016 年熱門排行免費榜，名次如下：

APP Store **熱門排行免費榜** TOP10

名次	品牌
1	LINE
2	Facebook
3	Facebook Messenger
4	YouTube
5	Google Maps
6	Pokemon GO
7	Instagram
8	WeChat
9	Skype
10	Twitter

市場調查機構 Nielsen 近日公佈了 2016 年美國市場的智慧型手機作業系統與行動程式的排行榜報告，顯示美國的智慧型手機滲透率為 88%，當中有 53% 使用 Android 平台，45% 為 iOS。

2016 年美國市場 APP 排行榜出爐，臉書與 Google 為程式排行榜的大贏家（下圖，來源：Nielsen），囊括了前八名的手機程式，依序是 Facebook、Messenger、Youtube、Google Maps、Google Search、Google Play、Gmail 及 Instagram，其中 Google 佔了 5 個，臉書佔了 3 個，第九名為 Apple Music，第十名則是 Amazon APP。

Top Smartphone Apps of 2016

名次	品牌
1	Facebook
2	Facebook Messenger
3	YouTube
4	Google Maps
5	Google Search
6	Google Play
7	Gmail
8	Instagram
9	Apple Music
10	Amazon APP

隨著 4G 服務而興起的創新商機

相較於有線寬頻網路，行動網路的優勢就是在於移動性強，即使是行動咖啡車的店家，也能很方便地透過這類設備，將 4G 行動網路變為 Wi-Fi 訊號分享。只是，過去 3G 行動網路的 Wi-Fi 分享速度還不夠快，當 4G 行動網路能和有線網路並駕齊驅時，這也可能改變過去人們對於網路的使用習慣，減少對有線網路的依賴。

4G 不僅有更大頻寬、更快的上網速度，能負荷更大量的資料傳輸需求，隨著 4G 行動網路開通，相關服務與應用也應運而生，在影音、監控、醫療、管理與車用等領域都有商機。

過去可能有許多行動應用卡在頻寬的問題而無法實現，例如，行動影音。在 4G 突破頻寬和速度的限制後，將能夠更輕易提供高解析度影音服務。除影視之外，還包括智慧安全監控、醫療與汽車等方面。除了有更快的上網速度之外，物聯網應用也會有所突破。

LTE（Long Term Evolution），通稱 4G，可提供高達 75 Mbps 的傳輸速度。其服務應用朝影音、遊戲、遠距醫療與遠距教學等方向發展。

1. 高畫質影音與遊戲服務

我們不用一定非得坐在家裡透過光纖寬頻網路才能欣賞到線上影音 YouTube，Full HD 高畫質影像，以往因為受限 3G 網路頻寬，影像畫質多半是 SD，而被迫接受較差的視聽體驗。但在 4G 環境中，即便是召開行動視訊會議，或使用即時通訊軟體，也都可以獲得更好的通訊品質。

4G 網路環境也讓手機遊戲更流暢，畫質能朝更精美提升，再也不用擔心網速不夠，遊戲會卡卡的，即使玩多人線上遊戲也不成問題。

2. 居家安全監控打造智慧家庭

過去 3G 時代影像傳輸的品質與效果並不好，而在 4G 時代要做到監控應用就不成問題。透過 4G 網路，監看家中視訊畫面，做到火災煙霧警戒等這樣的居家安全管理。或是擴及其他應用，像是兒童管理、寵物動向跟蹤、銀髮族照護監控等方面，甚至是無人商店的遠端監看。

3. 高速行動網路可能讓直播更容易

4G 行動網路還能促進遠距管理方面的應用，像是在災難現場，不像以往僅能使用無線電、語音、文字訊息回報狀況，而是能直接透過 4G 網路即時傳送現場影像至指揮中心。這種即時可視的管理應用，威力相當強大，有助於資訊透明化。如果 Google 眼鏡、GoPro 攝影機等產品都可以直接透過高速 4G 行動網路將現場畫面即時上傳，一旦有大事件發生，現場畫面將能夠迅速在網路上直播，影像分享應用將變得更容易。

4. 打造車用 LTE 環境

由於 4G LTE 可以提供高速移動的通訊需求，而汽車是普遍且常見的移動載體，因此各大車廠對於車用 LTE 發展相當積極。像是 BMW 在車上設置 LTE hotspot 行動網路分享器，像是奧迪汽車與北美電信商

AT&T 合作，在最新款的奧迪 A3 款汽車上提供半年免費的 4G LTE 行動網路服務，讓行動連線更容易，可隨時察看交通流量與地圖街景，並加強汽車裡的娛樂功能。在車輛上建置 LTE 環境，能讓車主在抵達目的地前，就能先預覽沿路街景，增強導航體驗，若是還能透過交通路段監控設備，即時看到前方路況的實景，將更方便。透過 4G 高頻寬的資訊傳輸能力，可以對汽車進行追蹤與分析，並提供更便利的交通指引服務。例如，當車子快沒油時，可以主動提供附近加油站的資訊；當前方路口發生交通事故時，駕駛也可提前知道前方路況，決定是否需要更改行車路線等。

5. 遠距醫療服務應用

在醫療領域方面，自然是遠距醫療的應用。方便病人和年長病患不用再親自到醫療診所看病，有助於解決近距離缺乏專業醫療人員，或是偏遠地區交通不便等問題。一些基於醫療服務的應用也多了起來，像是日本電信商 NTT DoCoMo 推出的智慧腕帶，可以監控使用者的走路步數、距離，計算卡路里消耗與睡眠。並推出帶有感測晶片的智慧運動衣，能記錄個人運動數據。

行動通訊科技的演進不會停止，當 4G 才進入起飛期，5G 很快就會出現，因為全球 4G 建設還在進行中，5G 行動通訊的技術探討就已經開始展開。華為無線網路業務部總裁應為民就指出，全球行動產業發展將朝三大趨勢發展：

1. 行動視訊流量呈現爆炸性成長，預計 2018 年，全球行動視訊市場規模將超過 300 億美元，行動視訊流量將占行動寬頻總流量 80%。

2. 行動寬頻將帶來一個潛力巨大的藍海市場，促進醫療、交通、零

售、投資等多領域出現全新的業務模式，為人與人、人與物、物
與物提供普遍的無線連接。

3.預計 2020 年智慧終端設備的數量將超越全球人口總數，且智慧
終端設備的功能將擁有更高、更快的傳輸效能。

在行動寬頻不斷加速發展下，預計 2020 年行動寬頻將迎向 5G 時
代，屆時無線傳輸速率將比現在 LTE 最快的速率，還要快上 100 倍。
5G 將使得雲端運算與巨量資料技術結合在一起，使社會變得更智慧
化。根據愛立信 Ericsson 的資料：「2015 到 2021 年之間，物聯網將
以 23% 的年成長率增加，到了 2021 年連網裝置達 280 億台，其中
160 億是物聯網裝置。依成長曲線來看，物聯網裝置將在 2018 年超越
手機。」

永遠在線

行動網路帶來的改變是「永遠線上」和服務資訊化，很多創業機會就圍繞這兩個層面展開。

——阿里影業董事局主席兼 *CEO* 俞永福

有人問乙太網路之父鮑伯·麥特卡爾夫（Bob Metcalfe），什麼是互聯網時代的下一個「奪命應用」，這位乙太網的發明人、「麥特卡爾夫定律」的首創者毫不猶豫地回答：「永遠線上」。

智慧手機已經做到了可以 24 小時在線，永遠不關手機，已成為人們的生活方式。在行動網路時代，永遠線上正在悄悄改變這一格局。

1. 時間意義上的「永遠線上」

何謂「永遠線上」？簡言之，就是「隨時、隨地、隨意」連上網路，達到溝通無所不在、資訊無所不在的境地。「永遠線上」將使得「上網」概念最終會被忘掉。舉個例子，PC網路時代，我們最常做的一件事是──下載，在晚上睡覺的時候，開著電腦下載電影或影片。在那個時候你擁有「線上」和「非線上」這兩種使用場景。

傳統的資訊傳播是一點對多點的傳播。無論是廣播時代，還是電視時代，人們使用時間或者說接收資訊的時間都很集中，劃分也非常清晰──黃金時間、普通時間、垃圾時間，所以用戶時間成為媒體爭奪的核心資源。而在行動網路時代的「永遠線上」讓用戶隨時隨地攜帶著智慧手機，也可以隨時隨地使用網路。

以前，我們早晨第一件事情是起床，然後打開電視機。

現在，我們早上醒來第一件事是打開手機，刷LINE或微信、看FB，然後再起床。

以前，我們有時邊看電視邊吃飯。

現在，我們常常邊看手機邊吃飯。

甚至，在做家務時也會用手機看影片。

凌晨2點，失眠的人還在刷臉書、網購！

而這些，絕不是某些特殊人群的習慣，是行動網路時代的全民態勢。行動上網的永遠線上，讓用戶把閒暇時間都占滿了。

所以，請想像一下，「上網」這個詞用不了幾年就會被人們所遺忘，因為你一直都在線上。行動網路的永遠線上，讓你每時每刻都在線上，給人們在工作、學習、生活與娛樂等方面帶來很大的改變。

2. 實質意義上的「永遠線上」

在網路剛剛興起的時候，曾流行這樣一句話：在網路世界，你永遠

不知道和你聊天的是人還是狗。那個時候，電腦和網路剛剛普及，一台電腦、一條網線就是「現實」和「網路」的邊界，一旦離開電腦，那麼你立刻就「離線」了。

而當下，行動網路興起，上網變得更加方便、快捷，網路也越來越滲透到人們的線下的實體生活中。例如，午飯時間到了，我拿起手機透過手機 APP 叫了一份速食，沒過幾分鐘，餐廳就把美味的午餐送來，這時「現實」和「網路」的距離變得相對緊密。這就是服務資訊化和電子商務的結合，O2O 的概念，可以預想未來所有的產品、服務都可以被數位化描述，相信一個人可以宅在家裡做完所有事情，就像是以往我們都是去美容院剪頭髮，如果理髮師能上網招攬業務，我們就可以預約理髮師上門服務，而「現實世界」和「網路世界」也由此變得邊界模糊以至於彼此不分。

早在 2013 年，Apple 公司推出 iPhone 5S 時就將指紋納入到檢測範圍內，在 iOS 7 上，Apple 還基於藍牙技術推出了 iBeacon 協議和 Multipeer Connectivity 框架。iBeacon 可以讓地理定位精確到一米甚至半米，這也就意味著一張桌子、一把椅子都將可以擁有自己的地理座標；Multipeer Connectivity 框架則允許使用者在沒有網路的情況下透過藍牙進行即時聊天，當支援 Multipeer Connectivity 的設備足夠多，它們甚至可以自己組成一個通訊網。可以說，Apple 的技術已經能夠將現實世界的物品和人用網路連接起來，並以「資料」來標識它們。

Google 公司已經研發多年無人駕駛汽車、在智慧家居方向上收購了 Nest、開發出隱形眼鏡為糖尿病患者測試血糖水準、收購了諸多機器人公司、推出了面向可穿戴設備的 Android Wear、將 GoogleNow 延伸到更多平台上，這些舉動，都是針對行動網路時代用戶需求的深度挖掘。

相對於 Apple 公司，Google 更積極地把現實世界的服務接入到網路

中，這正是未來互聯網發展的趨勢。

　　試想一下，當你的各類身體指標資料都被寄存在 Apple、Google 那裡時，「現實世界」和「網路世界」還有區別嗎？所有的物理元素都通過網路被連接在一起，這才是真正意義上的「永遠線上」。

　　未來萬物相聯可能到 50%、100% 甚至 200%。但最後一定是任何人、任何物、任何時間、任何地點，永遠在線，隨時互動，並建立各式各樣的新關係，這就是「互聯網＋」的新世界。在行動互聯網「永遠線上」這一大背景下，我們要思考一天二十四小時裡有哪些需求是消費者（用戶）還沒有被滿足的痛點，這就是每位企業主、創業者要尋找的機會。

時間碎片化

　　行動網路的核心是用碎片時間獲得資訊、提高效率，同時借助雲端運算和雲存儲，實現多平台互通。

————網易創辦人　丁磊

　　早在十多年前，手機就已經成為人們生活中不可或缺的物品，然而，與十年前大多數用戶只使用手機收發簡訊、接聽撥打電話相比，如今手機的使用方式發生了翻天覆地的變化。原先需要電腦才能完成的許多工作，現在在智慧手機、平板電腦等個人行動智慧裝置上就可以完成，如收發郵件、查詢天氣、搜尋地圖、流覽網頁、觀看影片等，而且越來越多的人習慣在手機、平板電腦上使用它們。

　　所以說，行動上網將大家的時間碎片化了，而碎片化的時間可以讓我們更加自由和合理地安排日常生活、工作、休閒與學習。以往需要佔用人們更多完整時間才能完成的某項工作，現在完全可以在零碎時間裡安排妥善並完成。例如，你可以在公車上回覆處理一封郵件或是快速地流覽一篇短文；也可以在電視廣告空檔完成一次購物，這一塊塊的碎片時間織成了行動網路這張大網。如何把握好碎片時間，成為行動網路產品能否成功的一大重要因素。

碎片化時代的來臨

　　行動網路的發展使人們的時間碎片化，而碎片化時代的來臨也促

進了行動網路的發展。某研究公司通過調研資料顯示：在使用頻率上，56% 的用戶一天多次行動上網，72% 的用戶每天至少一次行動上網；而在使用時間上，21% 的用戶每次行動上網時間超過 1 小時，42% 的用戶每次行動上網時間超過 30 分鐘。行動互聯網正在以極快的速度，通過零碎時間的佔用影響和改變著人們的生活。

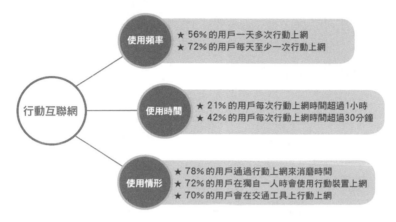

在工業化時代，不論是生產者還是經營者，大多被一項或者是少數的幾項工作所牽制，最典型的就是標準生產線上的流水工人，一天不停地裝同一個零部件，對於他而言，基本上是沒有碎片化的時間可以利用的。

造成這種現象的另一種原因是當時的人際和商業溝通主要是以單方執行的、面對面的交流為主，而缺乏多管道的溝通和表達通道。而在「互聯網＋」時代，行動網路日益普及，這讓每一個人都掌握了更多交流和溝通的方式，換句話說，也就佔據了更多的社會化和社交化的入口，將人的整個的社交和學習、工作精力進行了碎片化的處理。

很多人都在質疑，人們的時間和精力都被碎片化了，那麼效率是否降低了呢？我認為這個問題的答案毫無疑問是否定的。因為在智慧化設備和網路的帶動下，以往需要人們用更多完整時間或者需要特定地點才

能完成的某項工作，現在完全可以在碎片化的時間和安排中來妥善完成。例如，你可以在計程車上用手機收發郵件；你也可以在飛機上完成一份計畫書草案，落地之後用即時通訊 APP 如 LINE、微信、QQ 傳給對方。

在現代社會，碎片化時間和整段的工作、生活時間的差異已經越來越小，商業和生活之間的邊界也越來越小，以往是工作時間用來工作，生活時間用來生活，現在的情況是工作與生活之間可以相互融合、輔助，在不影響工作任務的前提下，工作時間中的碎片時間可以用來完成生活享受，而生活中的碎片時間可以用來完成工作。

佔用碎片時間，行動互聯的好機會

行動網路讓未來商業和生活之間的界限越來越小，有時候人們甚至很難分清楚到底什麼是商業行為，什麼是生活行為。正是看到了這一點，未來的健康、醫療、生活 O2O、物流以及家政等服務才成為風投資金們踴躍進入的熱點領域。

現在的網路趨勢，已經從單純的 PC 端入口之爭，轉移到了未來前景更大的行動化、社交化的智慧手機端的競爭。而且目前各家主流互聯

網公司都在加碼行動端的市場，將自家公司的產品朝著與行動端應用的開發和服務銜接。行動端的社交、電商、搜尋、遊戲、郵箱、教育等產品都被逐步開發出來，其背後正是快速遷徙的用戶消費和生活習慣。

　　當前中國互聯網三大巨頭被稱為 BAT，即百度、阿里巴巴、騰訊，三者業務發展各有側重：百度是搜尋領域的霸主，在 PC 搜尋和行動搜尋方面都可謂一騎絕塵；阿里巴巴是中國電子商務的領頭羊，在行動網路領域也完成了電商、搜索、社交等全產業佈局；騰訊擁有國內最強的社交應用平台── QQ 和微信，這是行動網路時代最重要的繩索。

　　雖然業務側重不同，但是三巨頭在行動互聯網領域的競爭依然非常激烈。不過，憑藉著強大的社交基因，騰訊在行動應用的終端使用者使用率上占了明顯上風。在信諾資料 2015 年發佈的 1 ～ 4 月《中國行動互聯網報告》中，有一份行動應用總時長排名，騰訊旗下產品貢獻約 80%。如下頁圖所示。

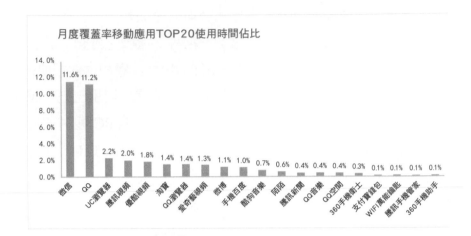

月度覆蓋率移動應用TOP20使用時間佔比

行動網路近兩年業務規模已經呈現出了三位數甚至是幾何級的成長。雖然有三大網路巨頭的盤踞，但是，對於大多數公司而言，這依然是一塊未被完全開墾的沃土。而支撐起行動端市場爆發式成長的一個原動力，就是用戶可以在碎片化的時間來完成更多的工作、生活與娛樂享受，還可以完成某些在工作時間段不方便完成的任務。

可以說，網路縮短了世界的距離，將山川、河流、海洋的地理性差異全部磨平了；而行動網路則將人們的時間碎片化了，如果企業順應這種碎片化趨勢，調整企業的商業模式和行銷管理模式，必將在同業中脫穎而出。

智慧型手機普及後，也正式宣告全民進入「碎片化時代」，人們的生活高度依賴手機，無時無刻、再零碎的空閒時間，都不放過瀏覽手機的機會，也因此如何在龐大的資訊中脫穎而出，讓消費者在短促且零散的時間內被吸引，就是關鍵。因此廣告必須夠有創意才能吸引消費者目光，就拿 Facebook 來說，正因為隨時隨地都有人更新動態，所以使用者不管何時打開 Facebook，都能瀏覽到新資訊。那些搞笑、輕鬆的短影片更受大眾青睞，也因此帶動了網紅經濟的發展。

在碎片化時代下，大眾更會妥善利用瑣碎的時間瀏覽 Facebook，未來，「永遠線上」已是必然趨勢，隨時隨地只要智慧手機在手，消費者手機滑一滑就能購物。所以企業當務之急應是優化使用者體驗，讓消費者在電腦（拍賣網站）與手機（拍賣 APP）介面切換流暢不間斷，方便選購及下單。很多公司轉型到行動端時，會把 PC 的功能照搬到手機上，使得 PC 端存在的問題也一併被轉移了過來。但是用戶使用手機跟 PC 的需求完全不同，必須用兩套模式去做。就像，PC 就不可能設計出「搖一搖就會搜尋附近美食」的功能。為了給使用者最好的體驗，技術只能是更好、沒有最好。

隨時線上，也帶動了各式各樣的線上直播。每個網路店家都能擁有自己的直播頻道，隨時叫賣自己的商品。電商名人「486 先生」陳延昶說：「大家以為直播只是打打屁，其實，它可以把購物電視台搬到你面前，而且還多了即時互動。」他認為，電視台能做的，直播也能做，每個人都可以開自己的節目然後立即跟網友互動，直播的擴散率跟回響率都比直接上傳影片更大。他就是這樣靠著一己之力，滾出上億元營收的。

去中心化、去仲介化

未來手機會是這個世界的中心。

——小米科技創辦人　雷軍

在「互聯網＋」時代，行動上網、社交網絡是兩個重要特點。社會生活的面貌和商業世界的規則，已經不再是傳統的網路概念所能解釋的了。

新的商業模式正在逐步成為主流，新經濟正在改變甚至顛覆傳統經濟。

網路購物中，有 50% 的人透過手機 APP 下單；35% 的人經由手機網頁，最後 15% 的人才是透過 PC 網頁上購買，這說明了手機在過去是用來滿足碎片化時間，但現在，已經成為虛擬網路世界與實體生活連結的入口。很多人都曾做過類似這樣的事，在手機中看到臉書朋友推薦一樣商品，就直接連網，然後下單。行動上網和社交網絡強調以「人的行為為核心」，用戶被賦予了前所未有的力量和權柄。這並不是說單個的用戶是強大的，而是說使用者結成的網路是強大的。分散的用戶因快速、即時、緊密、無處不在的網路連接而成為一個強大的整體，使從前居於優勢地位的企業成為相對弱勢的一方。

正因為行動社交網絡合為一體的「用戶」所擁有的市場權利越來越大，所以，才使得商業世界產生了兩大特徵：一個是「去中心化」；另一個是「去仲介化」。

去中心化（Decentralized）

在傳統網路時代，人們都是以 PC 連接為基礎的，其網路結構存在很強的「中心」。門戶網站，就是傳統網路最重要的中心節點，用戶透過登錄雅虎、搜狐等門戶網站，取得經過編輯歸類的新聞、資訊，入口網站成為這段時期響噹噹的網路霸主。

電子商務迅速發展起來之後，「中心化」的特點依然存在，淘寶就是中國電子商務最重要的中心節點，它建構的虛擬電商商城，讓商家和用戶可以在一個龐大的商業平台交易與消費。

在智慧手機普及的行動網路時代，這種「中心」被弱化，甚至消失，使用者不再需要特定的「中心」來滿足生活需求，網路連接的埠，從單走向多元，臉書，部落格、朋友圈，微信公眾號就能滿足個體的資訊需求。用戶借助平台也可以更緊密地交流，整個行動網路真正走向去中心化。此外，互聯網的另一個核心概念是做到服務過程的「去中心化」，藉由網路的聯繫，任意兩點之間都是交易的可能，更多的創業機會往往就在此，想一想怎麼開始用手機來賺錢，而不是只是用手機抓寶可夢而已。未來有兩種生意的價值變得越來越大。第一種是如何幫助用戶省時間。那麼省下來時間要做什麼呢？那就是第二種生意──幫助用戶把時間花費在美好的事情上。行動網路時代下，分享和行動化是趨勢，就是企業建立了一個與用戶的直接溝通、維護和交易的管道，從而形成全民營銷，創造出新型的商業模式。所謂去中心化，就是商家透過社交，粉絲經濟等方式，直接和顧客產生聯繫與互動，顧客因為口碑而來，商家通過社交留住顧客，商家的進貨、加工，甚至經營心情，顧客每天都看得到，自然就產生了信任和口碑，小米的米粉就是這樣經營起來的。在統治中國網路的 BAT（百度、阿里巴巴、騰訊）中，騰訊憑藉自己強大的社交基因，敏銳地開發出微信，已經成功地搶佔了行動網路的地盤，

而百度收購 91 助手，阿里巴巴收購高德地圖，這些都是傳統網路模式向新興行動互聯模式擴張的信號。

未來可穿戴智慧設備的出現和普及化，會使接入網路的埠更加分散。2014 年 7 月，小米公司發佈了首款可穿戴產品——小米手環；Google 收購 Nest，主要原因也是看中了 Nest 是未來智慧家居的入口。

行動網路時代的「去中心化」並不意味著中心的徹底消亡，只是它不再像過去那樣可以一統天下了。

去仲介化

網路的功用正是流通資訊。以往中間人的價值是讓供給與需求對接，提供媒合、信任與方便。而網路的出現，讓訊息能自由傳達，使得企業與消費者能自行媒合、個人與消費者能自行媒合、消費者之間資源共享。顧客與生產者之間的距離快速拉近，「去仲介化」已成趨勢。

智慧型手機出現，等於是人手都有一台電腦。再加上金流的成熟，讓個人也能方便地收付款。雲端伺服器、GPS 與 4G，讓服務都能即時與即地，於是以個人為主體的去中間人服務出現了，像是目前時下很流行的小農產地直銷、個人團購、一對一線上教學等。

在傳統互聯網時代，網路有天然的「仲介」功能，因為使用者很多消費任務需要專家的專業指導，所以催生了很多興旺的「仲介」生意。線上旅行網站霸主攜程網就是最典型的傳統網路「仲介」，它基於對飯店、航空公司的強大議價能力，為用戶提供旅遊出行相關的服務，其優勢地位是通過用戶的聚合來實現的。但在行動網路時代，行動互聯網和社交網絡興起，資訊的獲取不再依賴於專家意見，可以通過社會化網路的「推薦」來完成。例如，就飯店而言，旅遊相關企業可以建立自己的平台來吸引客戶，而不必再依賴攜程之類的傳統仲介。這就是行動網路

的「去仲介性」。

　　早已是線上旅行網站霸主的攜程旅行網，近年來全面轉入行動網路。如今的攜程，不再是只做打電話訂票業務的旅行社，它 75% 的業務來自手機 APP，打開攜程的 APP 搖一搖，一秒就出現附近由近到遠的酒店、門票、吃喝玩樂，隨時下訂、線上付款，甚至還能訂高鐵車票。

　　傳統媒體也面臨著同樣的窘境。企業的廣告資訊原本需要透過它們傳達給消費者，但現在企業大部分的行銷溝通，完全可以通過近乎零成本的社交網絡來實現。以小米的銷售為例，不再靠傳統的行銷傳播和分銷管道，幾乎完全依靠其構建的網路社群來完成。

　　值得注意的是，「去中心化」和「去仲介化」這兩股力量同時也在相互作用和相互影響，彼此相互推動著，帶來持續的影響和變化。在社會生活和商業環境中，二者的影響很難完全分開。總的來說，「去中心」的影響效應更大一些；「去仲介」在一些情境下也有著很強的影響力，而在更多時候則是二者共同作用，驅動著商業形態和社會經濟的變化發

展。

不僅如此，在行動網路時代，有人提出，從用戶的「價值創造」和企業的「價值獲取」兩個角度出發，完全可以構建出一個全新的「4C」模型。共同創造（Co-creation）：對於用戶，體驗比功能更重要；對於企業，設計比功能更重要。

➤產品核心（Commodity）：對於使用者，好用比產品更重要；對於企業，免費比盈利更重要。

➤社群生存（Community）：對於用戶，興趣比歸屬更重要；對於企業，社群比細分更重要。

➤組織網路（Connecting）：對於使用者，關聯比產品更重要；對於企業，網路比組織更重要。

第五章

產品為王
的時代已到來

Changing With
The Internet

品牌正在重新定義

在今天的互聯網競爭裡面，我覺得最最重要的還是用戶滿意度。這些優秀的企業，它們都同樣在乎能不能讓用戶滿意。所以我覺得我們應該把焦點放在用戶上，可能有些惡性競爭爆發使大家把焦點放在對手上，而不是用戶滿意度上。我自己是把所有精力都放在怎麼改善產品和服務，讓使用者滿意。

——小米創辦人、天使投資人　雷軍

幾年前，如果一個企業，哪怕它是互聯網企業，如果只談如何做產品，而不關心如何制定戰略、打造品牌，會被看作是一家胸無大志、沒有前途的企業。而在今天，如果一個企業談品牌多於談產品，更會是其戰略的最大敗筆。因為「互聯網＋」時代就是產品為王的時代，好產品統領一切。

品牌的邊緣化，虛無化

在工業時代，很多傳統企業的規模優勢、品牌優勢，給後起的企業築起了一道極難逾越的門檻。漫長的產品生命週期為企業對變化的觀察、預見和預防提供了足夠的時間，而品牌也在這種經年累月的累積中變得異常有份量。所以，在工業時代，企業規模越大，品牌越強勢，對於企業安全的要求也就越強烈。

然而，當網路時代來臨，「一切穩固的東西都煙消雲散，一切神聖

的東西都將被褻瀆」。進入 21 世紀以來，回頭去看那些倒閉、衰落、已
呈現頹勢的公司——摩托羅拉、諾基亞、柯達⋯⋯我們不得不承認，曾
經看起來那麼穩定的知名品牌，有那麼不可撼動的競爭優勢，竟然也會
如此脆弱不堪。

　　諾基亞成立於 1865 年，誕生之初主要從事造紙生意，伴隨企業
不斷擴大，業務類型不斷增多，最終才定位在行動服務。從 1996 年開
始，在長達十四年的時間裡，諾基亞以其絕對的品牌優勢，始終佔據著
世界手機佔有率第一的位置。

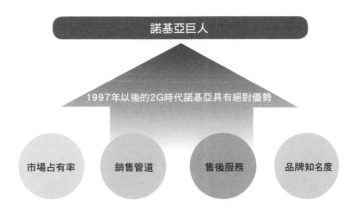

- 1999 年，諾基亞市值達到 2030 億歐元，是歐洲市值最高的公司，
  也是品牌價值最高的公司。
- 2000 年，是諾基亞最輝煌的一年，市值達到 2500 億美元。
- 2001 年，全球手機行業銷量下滑 6%，諾基亞公司卻能輕鬆成長
  9%。
- 2007 年，諾基亞的淨利潤高達 72 億歐元。

　　但是，從 2011 年起，諾基亞手機全球銷量第一的地位被 Apple 和
三星超越，自此諾基亞的手機銷售額開始下滑。用「兵敗如山倒」這個
詞用來形容 2012 年之後的諾基亞是再恰當不過，2012 年諾基亞在智慧

手機市場上的佔有率曾一度低至 8.2%。2013 年，微軟以 71.1 億美元價格收購諾基亞手機業務，並取得相關專利和品牌的授權。

而在 2014 年 4 月，諾基亞宣佈完成與微軟公司的手機業務交易，正式退出手機市場。

其實，與諾基亞同是「難兄難弟」的，還有摩托羅拉。

有時候，時間彷彿總是製造某種巧合給我們以啟示：2011 年 8 月 15 日，Google 以 125 億美元的價格收購摩托羅拉；而 2011 年 8 月 16 日，小米手機 1 發佈；2013 年 9 月 3 日，微軟收購諾基亞，諾基亞作價 71.7 億美元；2013 年 8 月 23 日，小米完成新一輪融資，估值達 100 億美元。同年 9 月 5 日，小米發佈小米手機 3。相比之下，可謂天壤之別，再看以下這兩張圖，更讓人唏噓不已。

2008 年手機市場單季市場占有率

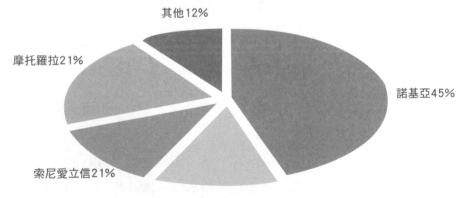

其他12%

摩托羅拉21%

諾基亞45%

索尼愛立信21%

三星12%

2015 年手機市場單季占有率

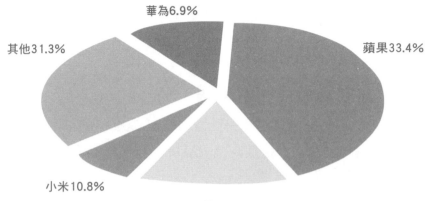

華為6.9%

其他31.3%

蘋果33.4%

小米10.8%

三星17.6%

諾基亞的失敗在哪裡？在我看來只有一點：產品不符合網路時代的用戶需求。所以說，即便再穩固的品牌，若不擁抱網路的發展趨勢，也會最終走向失敗。具體有以下幾點。

◆ 產品相似度高，雖著眼於細節創新，但沒有總覽全域。

◆ 產品捨棄了觸控風潮。

◆ 不願早點放棄已落後的塞班系統。

這幾點看似簡單，體現的卻是網路時代的重要生存法則──好產品統領一切。在互聯網無限貼近生活的時代，無論是 Apple 還是 Google，都十分注重產品，注重使用者體驗，其定位和發展方向都力求與消費者的需求貼近。由於諾基亞產品遲遲不放棄落伍的塞班系統，所以無論怎麼改進，都不能從根本上實現這一點，導致這個昔日的手機領導品牌在堅守市場佔有率的戰役中節節敗退。

「商界教皇」湯姆・彼得斯（Tom Peters）曾半開玩笑地說，在產品生命週期漫長的年代，你有心想把一家大企業做垮也是一件難事。但是，在如今這個產品的生命週期早已進入「快進」的年代，產品的輝煌

期大大縮短。對很多企業來說，由產品累積到品牌的時間短到幾乎沒有，就像彗星劃過一樣。這就更加讓我們覺得：我們彷彿進入一個只有產品，沒有品牌的時代，或者說，品牌正在被邊緣化、虛無化。

品牌將成為產品的附屬體

現在是一個快速反覆運算的時代，很多人說在這個時代，沒有品牌，只有產品。換句話說，在這個時代，品牌必將被產品取代而失效。會是這樣嗎？

的確，在一個快速反覆運算、變幻莫測的時代，如果說這個時代的品牌和傳統時代的品牌完全是一回事，我不同意這種說法。行動網路的高速發展，讓網路世代的消費群體如雨後的春筍般散發著勃勃生機，他們很少關注報紙、電視、在他們的世界裡玩的都是高科技，從電腦到智慧化的手機，獲取資訊的管道多種多樣，社群媒體、LINE、臉書、微信的朋友圈等。這群新生代個性張揚，魅力十足，傳統商業時代的被動接受早就已經過時了。

所以，在他們的心裡，「品牌」這一概念並非與傳統意義上的品牌相一致。那麼，品牌是不是就失效了呢？當然不是！

網路時代品牌是必須要長久生存的，但它只是變了一個的樣子，變成了產品銷售的促銷工具，或者說變成了產品的附屬品。舉一個例子，在網路時代，行銷的一個特點就是粉絲效應，互聯時代的品牌，就是粉絲追逐的一股勁頭，就是我們過去常說的價值。

在行動網路時代，傳統的 4P、4C 價值體系全部被打亂。很多時候一個產品銷售完成，無須通路和促銷，甚至也不需要傳統意義上的品牌，使用者看重的只是產品，這個產品能否給他帶來最好的體驗、最美好的感受，這個至關重要，只要做到了這點，產品自然熱銷起來。行動網路

將產品與使用者的距離縮短，甚至縮短至面對面，所以，傳統意義上的品牌宣傳——廣告、通路等，變得毫無意義，直接用產品就可以了。就像現在比較火的「Uber」、「滴滴打車」、「餓了麼」，它們的產品價值遠遠超越了其品牌價值。

行動網路的本質是什麼？就是便捷、無距離的溝通、交流、交易。正是因為有了這種方便性，產品的品牌、通路、促銷、傳播等功能之外的東西漸漸變得模糊，甚至消失，取而代之的是體驗、粉絲。品牌再也不用傳統的方式累積，更多的是用未知的概念或技術吸引使用者追逐產品，讓使用者愛上產品。

好產品才是王道

> 其實好公司不需要行銷，好產品才是最大的行銷。
>
> ——小米科技創辦人　雷軍

 ## 產品為王

隨著網路的發展，資訊、物流的普及以及電商等的興起，實體通路銷售日益「沒落」或者「消失」，消費者越來越關心自己能不能擁有更好的產品。所以，企業對於技術和產品給予了前所未有的重視，做出好的產品，成為企業制勝的重要手段。

產品做出來就是給人用的，在網路時代，任何一款產品都必須緊抓使用者需求，與用戶及時溝通，才能做出好的產品。

眾所周知，在傳統的商業時代，相較於產品，企業更注重的是通路拓展，以取得經營業績。網路時代下的商業模式發生了根本性的轉變。首先，產品供應到使用者的環節正在逐步縮短，分銷環節逐步減弱，基本都是企業開發上架後，即可直接提供給用戶，直接銷售給消費者，也就是說傳統銷售通路的作用已經逐漸被淡化。而這時候，產品和服務的品質就逐漸被放大細化，於是產品逐步成為企業經營的核心。可以預見，通路為王會逐步讓位於產品為王。

其次是用戶（消費者）對企業的影響力日漸重要，在行動經濟時代，可以說人人都是自媒體，用戶意見回饋的成本非常低，透過網路甚至可以直接收集、分析使用者行為資料。可以說，回饋成本幾乎為零且十分

便利。企業可以在這些資料中不斷地摸索、學習和總結，快速尋找有價值的用戶回饋資訊，及時對產品做出調整和改進，對各種功能和體驗進行精準、高效地完善。

傳統行業沒有用戶體驗，過去是顧客先認品牌，再去消費。在互聯網時代是先完成體驗，再建立品牌，於是體驗的好與壞就決定了銷售業績和市場前景，而產品的核心價值就顯得格外重要。

好產品統領一切，這是互聯網時代的重要生存法則。產品是企業發展的核心，好的產品並不是閉門造車，而是需要依賴於消費者的支持與回饋。無論是 Apple 還是谷歌，都十分注重產品，注重使用者體驗，其定位和發展方向都力求與消費者的需求貼近。

在過去，品牌商或者企業通常是以通路分銷的方式把產品賣給消費者，這樣一來，企業就很難掌握消費者對產品的第一手回饋資訊。而在行動網路時代，做產品，必須要深入研究使用者的需求，及時掌握變化。例如，企業可以透過新媒體的影響力收集和採納用戶意見，再把這些建議體現到產品中，這就是小米手機成功的關鍵。

在當下的網路時代，人們普遍認為：得產品經理者得天下。於是過去三十年，行銷過度。而現在，產品做不好，如何來做行銷。雷軍說：「其實好公司不需要行銷，好產品才是最大的行銷。」雷軍本身就是小米手機的產品經理。過去的時代，沒有網路，所以企業連接客戶的成本巨大——廣告、通路、媒體等。而現在不一樣了，產品連接使用者的成本越來越小。在網路時代，對於廣告最本質的深刻理解就是：產品即是廣告。

開放、互動、即時的互聯網環境，迫使企業必須真正做到「以產品為核心」才能贏得市場。好的產品勝過好的通路，從「通路為王」向「產品為王」轉變的時代已經到來，企業必須致力於做出讓消費者驚艷的產品，挖掘別人不具備的亮點。

將產品做到極致的 Apple 公司

Apple 公司（Apple Inc.）是由史蒂夫·賈伯斯（Steve Jobs）、斯蒂夫·伍茲尼克（Steve Wozniak）和羅·韋恩（Ron Wayne） 等三人於 1976 年 4 月 1 日創立的，總部位於加利福尼亞州的庫比蒂諾。Apple 公司創立之初，主要事業為開發和銷售個人電腦。

1985 年，賈伯斯堅持 Apple 電腦軟體與硬體的捆綁銷售，致使 Apple 電腦不能走向大眾化之路，加上藍色巨人 IBM 公司開始醒悟過來，也推出了個人電腦，搶佔了大片市場，使得賈伯斯新開發的電腦節節慘敗，總經理和董事們便把這一失敗歸罪於董事長賈伯斯。

1985 年 4 月，經由 Apple 公司董事會決議撤銷了賈伯斯的經營大權，賈伯斯幾次想奪回權力均未成功，便在 1985 年 9 月 17 日憤而辭去 Apple 公司董事長職位，賣掉自己 Apple 公司股權之後創建了 NeXT Computer 公司。不久，Windows95 系統誕生，Apple 電腦的市場佔有率一落千丈，幾乎處於崩潰的邊緣。

1997 年，賈伯斯創辦的 NeXT Computer 公司被 Apple 公司收購，他再次回到 Apple 公司擔任董事長。回到 Apple 公司後，賈伯斯第一件事就是消減 Apple 的產品線，「現在的產品都是廢物！這些產品根本沒有任何人性化特色！」他把正在開發的 15 種產品縮減到 4 種，而且裁掉一部分人員，節省了營運費用，讓 Apple 不再只是一味地追求市場佔有率。

四年後，也就是 2001 年，Apple 推出了僅有 1 英吋厚的鈦金屬 PowerBook，開啟了超薄、金屬機身 PC 時代。現在，採用鋁製外殼的 Macbook 成為 PC 界「極致美」的象徵，三星、惠普、戴爾等 PC 大廠爭相模仿。

Apple 公司對行動產業的影響不言而喻，它將配有觸控顯示器的長

方形平板電腦帶入大眾的視線，當初圍繞 iPad「圓角」設計的輿論不在少數。而現在，無論品牌或非品牌的平板產品，多少都帶了些 iPad 設計的「影子」。

智慧手機也是如此，早期人們甚至只能將螢幕大小作為分辨 iPhone和非 iPhone 的標準。致使不少廠家紛紛一邊模仿 Apple 產品的外觀和設計，一邊效仿起 Apple 設計部門開發新品的方式來。這種「仿 Apple 設計流程」體現在越來越多的廠家開始「仔細琢磨產品細節」，最終使消費者從中受益。

Apple 公司對產品的細節也花費了很大心思，2004 年，Apple 設計部主管 Jony Ive 在倫敦設計博物館的一次採訪中說：「我們在開發筆記型電腦時，非常地努力。我們希望消費者打開包裝盒時，會發出讚嘆與驚艷。」他後來又補充道：「你們可能不知道，我們非常努力地做好每一個細節。我們花費大量時間，目標只是為了讓 Apple 筆記型電腦比其他產品更好」。正是這種對產品的精雕細琢為 Apple 贏得了用戶，更贏得了榮耀。

很多高科技公司在設計產品時，都是以科技為先，設計師在設備中加入眼花繚亂的技術往往只是因為他們能夠做到，而並不是因為這對用戶完全有用，這無疑令人生厭。但 Apple 卻完全不同，Apple 公司的設計師們一直都把產品看成是為他們自己製造的，而賈伯斯活著的時候更是 Apple 產品的主要「使用者」。

Apple 的產品都是基於這種理念設計出來的，即賈伯斯代表了真正的客戶。Apple 公司的工程師在設計產品的時候要迎合使用者的要求，這點是他們不能沒有的東西。

賈伯斯在世的時候還堅持一點，那就是：產品必須易於使用，如果產品不易使用，賈伯斯認為再好的東西對消費者而言也是毫無價值的。

這使得設計師從第一天起就注重使用者介面設計，他們設計的產品必須是直觀的，易於理解和學習的。

進入互聯網時代，很多 PC 行業的參與者都經歷了所謂的轉型和過渡，其中有些公司在轉型中「消亡」，有些縮小了規模，只有 Apple 在不斷地擴大自己的業務。按照股價計算，Apple 公司已經是美國最大的上市公司，現時貴為全球最高市值的企業，市值直逼 7000 億美元大關，絕對稱得上「富可敵國」。

互聯網時代產品的特點

未來屬於能真正理解消費者情緒的品牌，而品牌背後的團隊除了工程師外更應該有設計師和藝術家，他們都是對生活有高度感知的人群。

——小米創始人之一　黎萬強

正如賈伯斯（Steve Jobs）所說：「創造力只是把不同的事物聯繫起來。」設計互聯網產品，本身就是一件非常有創意的事情。圍繞互聯網展開的一系列服務以及支撐服務實現的軟硬體技術解決方案，就是互聯網產品。在 PC 網路時代，大多的互聯網產品只是一個網站，如 Yahoo!、搜狐網、新浪網等，網站的內容和生產都由網站營運商來負責。而在行動網路時代，互聯網產品設計的重點工作在於搭建產品與服務框架，內容、資料、關係等則是由用戶產生的，使用者越多，內容越豐富，產品也就越強大。

產品人格化

美國前副總統艾爾 高爾（Al Gore）的演講稿撰寫人丹尼爾‧平克（Daniel H. Pink）曾發表過一篇文章《未來世界屬於高感性能力族群》，他說：「這個世界原本屬於一群高喊知識就是力量、重視理性分析的特定族群，如會寫程式的電腦工程師、專業律師和玩弄數位的 MBA。但現在，世界將屬於具有高感性能力的另一族群，如有創造力、具同理心、

151

能觀察趨勢以及為事物賦予意義的人。我們正從一個講求邏輯與電腦效能的資訊時代轉化為一個重視創新、同理心與整合力的感性時代。」與此同時，他還列出了高感性時代的六種能力，如下圖所示。

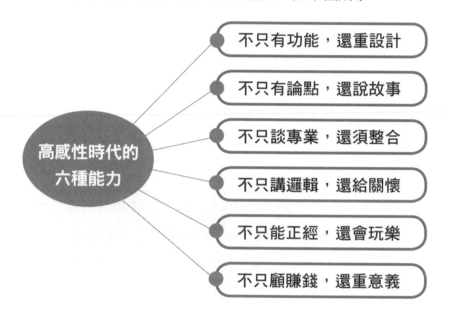

高感性時代的
六種能力

不只有功能，還重設計

不只有論點，還說故事

不只談專業，還須整合

不只講邏輯，還給關懷

不只能正經，還會玩樂

不只顧賺錢，還重意義

小米科技聯合創始人黎萬強也說：「未來屬於能真正理解消費者情緒的品牌，而品牌背後的團隊除了工程師外更應該有設計師和藝術家，他們都是對生活高度感知的人群。」

微信之父張小龍就是這樣一個人。作為微信的締造者，張小龍憑這款產品所創造的商業價值（微信最新的估值是 640 億美元）絲毫不亞於任何商業領袖。這名皮膚黝黑、愛打高爾夫球，開著一輛奧迪轎車的中年男子，在多數時候扮演著一名藝術家的角色，他將產品視為自己所創作的藝術品。

張小龍曾說：「心理滿足的驅動力遠勝工具，甚至賺錢。微信，不是一個生錢的簡訊替代工具，這不是微信最重要的利益，微信是一種生

活方式」。

當微信在 2014 年 7 月升級為獨立的事業群，從幾十人迅速擴充到
1000 人之後，張小龍和微信高層討論最多的，就是如何打造一個純粹的
微信團隊，他們甚至用「優雅」一詞來形容正在做的事情。「要優雅地
做產品──不複雜、冗餘，不會消耗更多的資源。」微信和其他團隊不
一樣，微信是彬彬有禮的、理性的、中立的，功能上和產品特性上是如此，
對內對外溝通的態度也是如此。

任何需要說明書的產品都不是好產品。當然，產品命名也要簡潔，
品類也要簡潔。以前，品牌即品類；現在，品牌即情感。互聯網品牌是
創始人、產品與粉絲之間的一場「合謀」。產品的人格化時代到來了，
一切產品將人格化，一切消費者將娛樂化。就像聚美優品陳歐的「我是
陳歐，我為自己代言」的廣告。

羅輯思維說：「用死磕態度來做產品。」

雕爺牛腩說：「用求道態度做一碗牛腩。輕奢餐。」它還說：「看
得起歌劇的人才吃得起我的飯。」

追求極致

在互聯網時代，極致是產品的一大特點，這個特點在「互聯網＋」
計畫的作用下，勢必會得到各個行業的重視。

何為「極致」？極致就是創造別人所沒有的。最近常常聽人提到「工
匠精神」，在我給企業服務的過程中也常常提到這個詞。工匠精神就是
指工匠對自己的產品精雕細琢，以精益求精的精神理念打造產品。工匠
們對產品細節有很高的要求，追求完美和極致。整體來說，中國製造不
缺乏智慧，但缺少精益求精的工匠精神。而這種工匠精神在未來「互聯
網＋產品」的戰略中，無疑會給企業帶來不可替代的競爭優勢。

還記得賈伯斯重返 Apple 的時候說了什麼嗎？「現在的產品都是廢物！」注意賈伯斯說的不是行銷、不是管理，而是產品。小米的產品態度就是對細節的極致追求，「改改……改改……再改改……」永遠不厭其煩地改，就是要讓使用者對產品尖叫！讓使用者把產品推薦給朋友！這就是對產品追求極致的態度。但是，並非每一個公司都能做到這一點，如何做出極致的產品？我認為企業至少要做到以下三點。

➲ 1. 從用戶體驗出發

互聯網時代的用戶與以往不同，因為他們有太多選擇，變得更加挑剔。如果企業不專注於用戶體驗，即便你的產品功能再強大、價格再便宜，最終還是吸引不了用戶。

➲ 2. 決策者有魄力

企業需要有一個絕對權威的領導者，他首先認同產品追求極致，並在每次出現爭論時果斷選擇其中一種方案，將這個專案執行下去，Apple 的賈伯斯、小米的雷軍都是這樣的人物。

➲ 3. 工匠精神

企業需要不斷雕琢、打磨產品，不斷改善工藝，產品設計師享受產品在雙手中昇華的過程。

財訊傳媒集團（SEEC）首席戰略官段永朝說：「工業時代是『殺死靈性』的過程。」互聯網是一個文明史上的千年大事，它可能會迎來靈性的回歸。未來的互聯網會日益變得有「溫度」、有「情感」、有「味道」。所以，極致不是一種行為，是一種態度，一種狀態。

產品更新快

在互聯網時代，產品生命週期進入「快進」的狀態，這與傳統工業時代產品生命週期漫長有非常大的區別。吳曉波說：「這是小時代盛行

的大時代。」很多企業憑一款產品就可以橫空出世，一出世就風華正茂。
LINE、小米手機、微信、餘額寶、Uber、餓了麼等都是最好的例證。

去年，在朋友圈裡有一篇轉發量很高的文章，講的是互聯網時代企業跨界競爭的問題，文章最後一句話說道：中國移動（中國電信商）說，搞了這麼多年，現在才發現，原來騰訊才是我們的競爭對手！沒錯，騰訊不但有 QQ 這一擁有龐大用戶的社交平台，2011 年推出的微信，更是在行動端穩穩佔據社交 APP 第一寶座。微信最初的核心團隊只有六十人，而中國移動公司有兩萬多員工，對比可想而知！這個典型的跨界競爭恰恰說明了以下兩個問題。

第一，在互聯網時代，產品就是王道！

第二，在這個產品更新迅速的時代，顛覆已經成為了常態！

第六章

行銷——
規則變了，玩法也變了

Changing With
the Internet

互聯網時代的消費方式

2015 年 1 月 8 日，全球知名管理諮詢公司麥肯錫在上海發佈了「2014 年中國個人金融服務」調查報告，報告結果顯示，有近七成的中國消費者願意將純網路銀行作為其主要往來銀行。

毫無疑問，網上銀行受追捧的背後是「互聯網＋消費」的持續升溫，尤其是行動網路的迅速發展使得消費者利用碎片化的時間上網進行購物或其他消費不再是一種時尚，更是一種生活方式。

傳統的消費方式

在還沒有網路之前，或者更準確地說在電商產生之前，人們購物的習慣和方式是怎樣的呢？

首先，去哪買？也就是購物地點，無非就是自己喜歡的商場、超市，或者距離住家或公司更近的商場、超市。由於地點遠近的限制，讓購物時間也不那麼隨意，所以更多的人會選擇在時間充裕的週末去購物。

其次，如何購買。在商場或超市中，商家會對商品進行陳設、促銷，而消費者在選擇產品的時候也會受到服務品質、店員勸說、價格等影響，最後結合自己內心潛伏的種種欲望、期望，以及自己的品味、愛好再分

析、思考、選擇，最終做出購買決定。這就是傳統的購物方式，其雖然受到互聯網的衝擊，但並沒有徹底消失，也就是說現在很多人仍然選擇這種購物方式。想買衣服，就去到附近的服飾店或百貨公司；想買日用品，就去住家周遭的超市。歸納一下，傳統消費方式有以下幾個特點。

★會花費消費者比較多的精力和時間。

★商品都是實物展示，消費者可以通過感覺和知覺（如衣服可以直接試穿）來判定商品品質的好壞，並決定是否購買。

★付款方式大多為現金支付。

★消費者在付款方面有安全感。

★商品種類可供選擇性小。

★如果遇到商品品質有問題，退換貨比較方便。

互聯網時代的消費方式

十年前，一個人如果經常網購，他的親朋覺得很新鮮；而十年後的今天，如果一個人從不網購，或很少網購，他身邊的人會覺得他落伍了。網路購物是指透過網路在電子商務市場中消費和購物。在網上，省卻了逛店的精力和體力，只要點點滑鼠，就可以貨比三家，買到稱心如意、配送便捷的商品，這顯然對消費者非常具有吸引力。

網路購物的過程可分為六大階段，分別是──選擇購物網站、商品搜索選購、下訂單、線上支付、收到貨物、購後評價，如圖所示，其優勢有以下幾點。

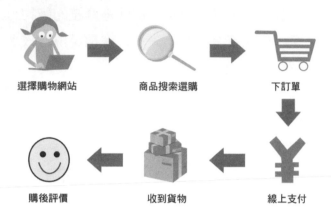

| 選擇購物網站 | 商品搜索選購 | 下訂單 |
| 購後評價 | 收到貨物 | 線上支付 |

1. 購物方便快捷。一台電腦、一部手機就可以輕鬆購物，免去人們花費大量時間在商場挑選商品的麻煩，不僅節省體力還節省時間。

2. 網上購物價格相對便宜。因為其行銷模式只有廠家、商戶、客戶這麼三級，為此，大大降低了商品生產流通環節的成本，利潤也相對得到提升。

3. 現代物流與網路購物競相發展，物流配送速度較快，配送容量也比較大。

4. 網路支付的安全度和可信度有了大幅提升，消費者可以完全放心網購。

5. 網店注重口碑行銷，所以售後服務都做得相當不錯，一般都實行7天包退、15天包換的服務換等售後保障權益。。

　　網路購物對於消費者來說，能夠利用更多的碎片化時間隨時隨地「逛街」，不受時間和空間的限制，同時獲得的商品資訊也是最全面的，可以更多的時間去對比和選擇，可以買到傳統購物模式所買不到的商品。網路購物還能保護個人隱私，內衣、內褲、成人用品、豐胸減肥產品，這些在實體店購買難以啟齒的商品，在網店上都能「悄悄」幫你送回家。

從下訂單、網路支付到送貨上門，這種商業模式無需消費者親臨現場，就能在家坐等收貨。同時，網購商品價格往往低於實體店售賣價格，因為網店省去了店面租金、人工成本、水電費用等支出。對新生代消費群體來說，網路購物絕不僅僅意味著一種購物方式，而是意味著全新的生活模式。

網路購物對於商家來說，無疑是給自己提供了一個最佳的銷售平臺。越來越多的企業選擇網上銷售，因為網上銷售經營成本低，庫存壓力小，受眾人群多且廣，產品資訊回饋及時且真實。網路銷售突破了傳統商務面臨的障礙，成為企業佔領市場的理想工具。快速成長的智慧手機使用覆蓋率也給行動電子商務創造了更多的機會與市場。

「互聯網＋零售」是「互聯網＋」最深入人們生活，最容易改變人們消費習慣的一個領域，網路購物已成為全民的消費方式。以「雙十一」購物為例，「雙十一購物節」是從 2009 年開始的，當年阿里巴巴的交易額只有 5200 萬，而到了 2012 年雙十一，其交易額為 191 億元，2013 年為 350 億元，2014 年為 571 億元。2016 年淘寶「雙十一」購物節成交額高達 1207 億人民幣（相當於台幣 5695 億），數字超 2015 年的 912 億人民幣，創下歷史紀錄。有人把「雙十一」看作是傳統零售業態與新零售業態的一次直接乾脆的交鋒，阿里巴巴集團 CEO 馬雲也曾表示：「雙十一購物狂歡節」是中國經濟轉型的一個信號，是新的行銷模式對傳統行銷模式的大戰，讓所有製造業、貿易商們知道，今天形勢變了。

毫無疑問，中國的零售業態正在「發生根本性變化」：線上交易形式已經由之前作為零售產業的補充通路之一，轉型為拉動中國內需的主流形式，由此開始全面反過來推著傳統零售業態升級。近兩年，零售巨頭沃爾瑪在中國屢次關店，更加驗證了這一點。於是全球零售業巨頭們紛紛投入電子商務的行列，以美國為例有 Walmart 、Staples、Sears 等。在中國市場，從國美、蘇寧大舉投資電子商務、銀泰、萬達百貨公司全面電商化、Walmart 收購一號店，到中國最大量販店大潤發成立飛牛網……等，台灣傳統零售巨頭大力投入電商領域的也不少，例如統一集團投資 7net、博客來，遠東 Sogo 集團投資 Gohappy，新光三越投資 Payeasy，另外大潤發、屈臣氏、康是美、漢神百貨……等大型通路也紛紛投入電子商務的行列。而行動網路的發展和普及，讓網民從 PC 端向行動終端購物傾斜，行動購物場景的完善、行動支付應用的推廣、各電商企業在行動端佈局力度的加大以及獨立行動終端平台的發展，更使得未來幾年行動購物市場將吸引大量的消費者進行消費。

互聯網下的購物觀念的改變

從表面上看，傳統的消費方式和網上消費方式的區別顯而易見，無非就是價格、便捷性、購物所花時間等。但是，從本質上講，互聯網時代的銷售方式讓消費者成為產品專家，消費者甚至比生產者和銷售者更加懂得產品，擁有更多的相關知識。消費者不再是產品資訊的弱者了，反而成了資訊的發佈者、創造者、擁有者、掌控者，這就是互聯網時代下消費者的最大改變。

就拿最簡單的網購點評來講，其只是 UGC（使用者生成內容）中的一個細分。消費者在網上完成購物後，不但可以分享自己的購物經歷和感受，還可以「曬」產品、發表開箱文，這個很平常的舉動就實現了產

品資訊的發佈，如下圖所示。而就是眾多這樣的評價，為其他消費者接下來的購物提供了重要的參考和導向。據分析，習慣網購的消費者，有近90%的人都會先看看這個賣家或商店的評價，參考其他買家的點評內容，再做出是否購買的判斷。

如此一來，生產者和銷售者就必須更加重視消費者，否則差評太多就會嚴重影響商品的銷售。網路的即時與公開使得資訊更加透明，生產者和消費者發佈的任何一條資訊，都有可能被人們更正、批駁、揭穿或者認同、稱讚，所以企業必須要面對隨時出現的關於自己產品、品牌和銷售信譽、品質的大量資訊。如果企業不能恰當地回應這些資訊，那麼很快就會被消費者所拋棄。

慶祝評價破1000，全館降價免運費評價總覽

				過去評價商品數				
					近一週	近一月	近半年	近幾年
99.9%	1044 ☀	-	1 ☁	正評	62	388	2207	4612
正面評價百分比 ❶	正評	負評	= **1043** 總評價分數	普通	0	1	6	13
				負評	0	0	0	0

全部評價	**賣商品評價**(1052)	**買商品評價**(1)

全部 | 正評 | 普通 | 負評

評價	購買明細	購買金額	評價人	評價意見
正評	【愛莎&嵐】NIKE 運動長褲/3X L (跟彥瑞下單) (展開明細)	$ 780	買家/ 彥瑞 黃 (8) 過去交易評價	感謝 已到貨 2017/03/02 22:34:30
正評	〔愛莎&嵐〕UNIQLO 桃紅保暖 羽絨背心外套 /150CM(C007) (展開明細)	$ 590	買家/ 小宾宾 (137) 過去交易評價	收到商品了，給您一個好評～有機會一定還會買的。值得推薦的賣家。記得也給我個評價喔！ 2017/03/02 21:56:25
正評	(愛莎&嵐) 設計師 李芬玲 女騎車 拉鍊黑色長上衣/7(全新)跟小純 下單) (展開明細)	$ 650	買家/ 小純 (58) 過去交易評價	出貨迅速，交易愉快。 2017/03/02 21:17:04
正評	〔愛莎&嵐〕VILLE 女秋季上衣 (展開明細)	$ 500	買家/ vivi (90)	收到了喔謝謝～ 2017/03/02 18:24:56

迎向消費者主導的時代

有的時候，基於用戶體驗的微小創新，往往可能誕生突破性產品。而這些微小的創新，存在於消費者的抱怨和痛點中。

——新生代市場監測機構副總經理　肖明超

隨著「互聯網＋」的發展，互聯網已滲透到各行各業，成為推動企業進步的新能源。企業與消費者之間的關係也在發生微妙的變化，在消費市場的升級換代中，互聯網讓消費者從傳統的被動接受模式變為了如今的主動選擇，可以說消費者是產品的第一驅動力，其主導產品的時代已然來臨。

從引導消費者到消費者主導

我一向認為：當下我們用互聯網思維思考問題，其原因歸根究底是大數據的驅動，因為大數據的結構化和即時性使得我們能夠比以往任何時候都更加清晰地認識、瞭解、判斷我們的顧客，同時，還有一點，也是最重要的一點，就是要真正認清消費者的主導地位，並轉變溝通方式，和消費者建立起長期的協同默契關係，這是企業實現「互聯網＋」在產品定位與運作中一定要認清的事實。

現在消費者的生活狀態不再是「早上看報紙，晚上看電視」了，網路賦予了他們更多的選擇。在網路營造的數位生活空間裡，消費者既是資訊接收者，也是創造者和傳播者。企業的所有相關資訊形成之後，不

管是正面的還是負面的，只要消費者對其產生興趣，就有可能成為另一次企業資訊傳播的起點，他們會把這些資訊主動傳遞給另外一群人。

「互聯網＋」時代的商業世界變得透明化，這也讓消費者掌握了更多的知識，現在的消費者已經開始專家化。企業與消費者之間資訊不對稱的局面進一步打破，消費者之間的溝通也變得便捷和緊密。

過去商家依靠密集的大量廣告曝光、營造概念等方式可以很輕易地引導消費者發生購買行為。以下一些經典的廣告，是不是一下子就讓你回想起它的產品，然而在今天這些基本上已經很難奏效。

★再忙，也要陪你喝杯咖啡──（雀巢咖啡）

★不在乎天長地久，只在乎曾經擁有──（鐵達時手錶）

★鑽石恆久遠，一顆永流傳──（De Beers 鑽石）

★全國電子就感心！──（全國電子）

★我會像大樹一樣高！──（克寧奶粉）

★達美樂打了沒，8825252！──（達美樂）

★阿母啊！我阿榮啦～──（鐵牛運功散）

「今年過節不收禮，收禮只收腦白金。」這個廣告相信在中國沒有人不熟悉。十多年前，一對卡通老年夫妻做的腦白金廣告曾引起陣陣浪潮。不管你說腦白金俗也好，廣告煩人也罷，不可否認的是，腦白金曾是 21 世紀中國市場賣得最成功的商品之一。

對於消費者來說，在一些相對低端的市場，品牌知名度就有很大的市場驅動力。鋪天蓋地的廣告往往能夠帶動銷量大幅提升。銷量的提升讓企業賺得盆滿缽滿，於是廣告力度就更大，於是腦白金的廣告伴隨了中國消費者十多年。很多人為腦白金的策略稱道，有力的論點就是：廣告的目的本來就是為了市場銷售。

但是，在當下「互聯網＋」的時代，腦白金這樣的廣告策略已經落

伍了！

　　網路的普及會讓社會化媒體越來越普遍，正因如此，消費者不再是被企業輕易操縱的對象，對於自己不滿意的產品或者服務，消費者可以高調拒絕購買；對於自己的不爽或者感到被愚弄的體驗，消費者隨時可以投訴，一次不好的用餐體驗，顧客拍照上傳臉書，餐廳的負評一下子就被廣而告之，並迅速傳播到四面八方，可見，消費者的力量已經崛起，想要取悅消費者變得越來越難。

　　2013 年夏天，可口可樂仿照在澳洲的行銷方式，在中國推出可口可樂昵稱瓶，每瓶可口可樂瓶子上都寫著「分享這瓶可口可樂，與你的＿＿＿＿＿。」

　　這些昵稱有閨蜜、氧氣美女、喵星人、白富美、天然呆、高富帥、鄰家女孩、大咖、純爺們、有為青年、文藝青年、小蘿莉等。這種昵稱瓶迎合了當下中國的網路文化，使廣大網民喜聞樂見，於是幾乎所有喜歡可口可樂的人都開始去尋找專屬於自己的可樂。

　　如果企業對當下網路經濟、行動網路視而不見，那麼它們的殺傷力絕對會讓你意想不到，摩托羅拉、諾基亞的失敗就證明了一點；相反地，如果企業能充分利用網路，那麼它會讓你的企業重新煥發活力，如星巴克就是個典範。

　　很顯然，可口可樂昵稱瓶就是運用了互聯網思維，成功地進行了線上線下的整合行銷：品牌在社群媒體上傳播，網友在線下參與購買屬於自己昵稱的可樂，然後再到社群媒體上討論，這一連串過程使得品牌實現了立體式傳播。

　　可口可樂昵稱瓶還斬獲了 2013 年艾菲獎全場大獎，其更重要的意義在於它證明了在品牌傳播中，社群媒體不只是競爭的配合者，也可以成為競爭的核心。

因此，在今天「互聯網＋大數據行銷」的環境下，企業從現在開始必須要打破原有思維，重新審視企業與消費者的關係，立即做出因應與調整。

而企業行銷模式的變革更是要即刻啟動的，這種變革的核心應該是從消費者的需求出發，只有充分了解到消費者的真實需求，才能做出積極有效的回應，買方與賣方之間才能達成一種高度默契，而這種默契將大大有助於企業的行銷與長期發展。

得粉絲者得天下──最給力的消費者

對於一個企業的網路行銷發展來說，粉絲佔據著重要的地位。因為他們不僅是最忠誠的消費者，還是最專注、最專業、最具影響力的客戶群，如果他們享受到了一款高 CP 值的產品或服務，就會注入一定的情感因素，迫不及待地與他人分享，又會成為最積極的推廣者、免費的宣傳者。

不是一般愛好者，而是對事物有些狂熱的癡迷者，極端的粉絲為了追隨和支持明星，他們會購買明星的演唱會門票、歌曲 CD，以及明星代言的各種產品。應用到企業行銷中也是一樣的道理，比如 Apple 手機的粉絲，每當 Apple 有新產品發佈，粉絲們便連夜排隊等候在 Apple 專賣店外。

Apple 手機不斷地更新換代，而 Apple 粉絲一直都是最忠誠的追隨者，高端用戶必買 Apple 手機，低端用戶以買 Apple 手機為目標，已經買過的還想更換 Apple 的新產品，有的 Apple 粉絲甚至想要集齊 Apple 的所有產品。Apple 不再是單純的數位商品，而逐漸成了自我身份的象徵。

粉絲不但本身是最忠誠的消費者，還會給企業創造出更大的價值。

只要你妥善地經營與粉絲之間的關係,粉絲就會免費為你服務。聰明的行銷人員會運用互聯網思維,認真地與粉絲消費者進行溝通互動,通過交流獲取消費者的購買心理、消費習慣、對產品的改進意見等行銷資訊,然後根據這些資訊做出有效的行銷方案,這樣才能知己知彼,百戰不殆。

　　粉絲如此重要,誰掌握了粉絲,誰就掌握了市場經濟的天下。而掌握粉絲的前提是要吸引粉絲、經營粉絲,無時無刻不進行用戶管理。

　　粉絲是最給力的消費者,而粉絲模式,也不再是以消費者的名稱、會員卡號或者手機號碼作為唯一識別,而是用社會化媒體的虛擬 ID 作為唯一識別,粉絲社區往往是核心的社會化媒體,它可能是自建,也可能是依託於微博、微信、Facebook 等建立。在「互聯網＋」時代,網路社交生活化成為一個不可避免的趨勢,因此,社交網站的基礎是好友,也就是俗稱的粉絲,可以說是一個「互聯網＋」時代重要的行銷落腳點。

　　粉絲模式可以這樣解讀:一是透過對企業品牌的塑造,吸引一批十分認同企業價值觀的忠實客戶,如讚賞 Apple 創新與個性精神的果粉就為 Apple 創造了大部分的收入;二是透過對企業在行動網路社交門戶上的長期經營和推廣,積聚一大批關注者,並據此開展各種行銷活動,利用輿論熱度來提高行銷效果。對於「互聯網＋」企業來說,這兩者都不容忽視。

　　知識性脫口秀類頻道、自媒體新秀「羅輯思維」一經推出就收獲無數粉絲,其每期的網路點擊率都高達百萬以上。但如何將粉絲轉化為收益呢?該頻道的主創兼主持人老羅是這樣做的。

　　2013 年 8 月,「羅輯思維」的微信公眾帳號推出了「史上最無理」的付費會員制:5000 個普通會員＋500 個鐵杆會員,會費分別是 200元和 1200 元,為期兩年。

　　這種「搶錢」式的會員制居然取得令人意想不到的成功:5500 個會

員名額在六個小時內銷售一空，也就是說 160 萬元已經通過支付寶、銀行等途徑輕鬆入手，當日 13 點活動截止後還不斷有人匯錢過去，其粉絲的忠誠度可見一斑。

有人會問，這些會員用真金白銀對老羅表示了支持，具體能得到哪些好處呢？老羅很快就給出了答案：他先後幾次提供會員福利：

第一時間回覆會員資料的會員將獲得價值 6999 元的樂視超級電視，這相比他們付出的 200 元會費而言實在是大大的福利。而先後送出的總共價值 7 萬元的超級電視並不需要老羅掏一分錢——因為是這樂視免費贊助的。

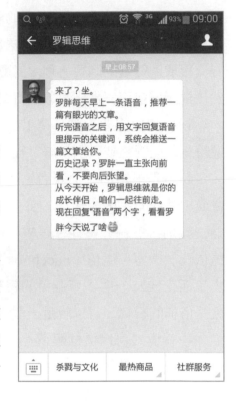

從「羅輯思維」的粉絲行銷案例，我們可以看出：他首先通過其優質內容產品將有相同價值需求的社群聚集在一起，通過收取會員費的方式一方面賺取收益，另一方面進一步增加粉絲黏性。然後他以這個忠誠度極高的群體作為基礎，向需要精準行銷的品牌提供合作機會，自己則作為社群與品牌的連接，形成自己的穩定收益來源。

在這個時代，如何用互聯網思維創業？如何用互聯網思維行銷？這是很多人當下都在思考的問題。

看看雕爺牛腩是怎樣做的，你也許會從中得到一些啟發。

雕爺，原名孟醒，網路名人，淘寶精油第一品牌阿芙的董事長。在淘寶平台上已做到精油品牌第一的他，2013 年進入了餐飲行業，創辦了

一家名為雕爺牛腩的餐廳，開始了他的二次創業。作為一個毫無餐飲經驗的門外漢，雕爺牛腩開業僅兩個月就實現了所在商場餐廳單位平效第一名。而且僅憑兩家店，雕爺牛腩就已獲投資 6000 萬元，風投給出的估值高達 4 億元。是什麼原因讓一個餐飲業的外行能在征服用戶口味的同時，也征服了創投的眼光？百度一下雕爺牛腩，就能搜索到 160 多萬條結果，但其實，雕爺牛腩很少在地鐵或公車上花錢做廣告，其推廣基本依靠粉絲口口相傳。雕爺牛腩是怎麼利用他和粉絲之間的關係呢？

1. 粉絲有充分的參與權。如果粉絲認為某道菜品不好吃，這個菜品很快就會在菜單上消失。

2. 如果粉絲在就餐過程當中有哪裡不滿意，就可以憑微回覆獲得贈菜或者免單。

3. 粉絲可申請 VIP，在收聽雕爺牛腩的微博之後，要參與答題遊戲，才能贏取 VIP 資格。題目不難，但粉絲必須對雕爺牛腩有全面的瞭解，如橡果味道的黑豬火腿產自哪個國家，茶水怎麼上的，服務員為什麼要蒙黑紗，「食神咖喱牛腩」配的米飯是什麼樣的？消費者必須要對用餐細節有所掌握才能答對所有題目。

4. 雕爺牛腩的 VIP 會員有專屬的菜單，還可以索取精美紀念冊，生日可獲得甜品無限量免費贈送。

好的互聯網產品都有一個共同的特點：重視用戶體驗，如微信、小米等，都是如此。雕爺牛腩也不例外，以上這些舉措拉近了商家與粉絲之間的距離，並依靠粉絲傳播帶來更多的客戶。

粉絲經濟──從陌生到狂推

未來的品牌沒有粉絲遲早會死。很多企業可以沒有自己的知名品牌，但是必須要有自己的粉絲會員，否則難以應對日益激烈的互聯網競爭。

──羅輯思維創始人　羅振宇

不管是什麼樣的年齡，在什麼地方，從事什麼行業，人們都有一定的消費需求，有自己的喜好，或是習慣於某個品牌的牙膏，或是習慣於某個品牌的 3C 產品，這些擁有相同喜好的人們聚在一起，就構成了一個個粉絲團。在網路行銷時代，有粉絲的地方就會有行銷，於是各個企業開始借助粉絲的力量展開粉絲經濟模式，粉絲行銷也隨之成為了網路行銷思路中最奪人眼球的一種方式。

這個時代做生意的關鍵就是「社群經濟」，就是用社群創造商機交流、推薦、分享、購買，藉由社群互動，產生購買行為的方式，這是社群經濟有意思的地方。

在以前，行銷主要透過廣告，從電視廣告裡，你已經知道它要賣東西給你，所以你的戒備心會早早就升起。但是如果有一樣產品，你看到一堆明星為它做代言，做見證，很自然地跟著大家一窩蜂也買單了。一群喜歡 BMW 汽車的人，他們都是 BMW 的玩家，因此，這群人組成了一個社群，當你想要尋找高消費力的潛在客戶，你就加入這樣的組群，這樣你的產品很快就能銷售出去。使用者因為好的產品、內容、工具而

聚合，經由參與式的互動，共同的價值觀和興趣形成社群，從而有了深度連結，盈利的商機自然浮現。例如微信就是一個非常典型的案例，它從一個社交工具開始，逐步加入了朋友圈點讚與評論等社區功能，繼而添加了微信支付、精選商品、電影票、手機話費充值等功能。

也有人是靠經營社群而賺到大錢的，在大陸有個「大姨媽」社群，在一開始，只是大家在群組裡討論女性生理期方面的問題，後來有人給建議要如何改善、有人提供相關用品，最後這個社群竟擁有 5000 萬人的婦女會員，現在你就可以針對這個社群特性，銷售很多有關婦女的產品。

粉絲能帶來財富收入，能顯示一個企業或是一個人的號召力和資源，財富不等於粉絲，但粉絲卻能轉換成財富。明星姚晨成為「微博女王」之後，片約、廣告不斷，身價水漲船高。不同的人吸引不同的粉絲，明星吸引的是關注娛樂圈的年輕粉絲，現代作家吸引的多是文藝青年。這些粉絲在各自的圈子裡相互交流，樂此不疲，成為各行業裡最活躍的免費廣告連結。比如在電影產業，電影公司可以利用明星的知名度吸引觀眾先看片花、預告片，先睹為快，利用粉絲之間的相互傳播達到票房大賣。粉絲行銷不僅在電影行銷方面常被使用，現在也被用於商品行銷中。

很多的行業開始重視粉絲的作用和號召力，粉絲的概念開始向更廣闊的領域延伸，不再是只有明星藝人才有粉絲。行動網路時代下，粉絲經濟日漸蓬勃，只要你擁有足夠多的粉絲，那麼你出售的產品一樣可以一路大賣，就像是「486 先生的粉絲團」那樣。

企業一方面可以利用自身的品牌知名度吸引一批十分認同企業價值觀的忠實用戶，例如讚賞 Apple 創新與個性精神的「果粉」就為 Apple 創造了大部分的收入。另一方面，企業還可以依靠優質的產品品質、服務品質等，在網路社群門戶上進行長期經營和推廣，聚集一大批關注者，

拉攏消費者們組成龐大的粉絲群體，而這些粉絲群體透過強大的社交網絡相互傳播分享資訊，達到擴大知名度、增加產品銷量的行銷目的。

Apple 手機產品極大地體現了粉絲行銷的效果，甚至出現一些狂熱的粉絲，他們為了買到最新款的 iPhone 手機而通宵排隊等候。由粉絲所產生的行銷效果極其明顯，極其驚人，但也說明一點，這樣的忠誠粉絲是需要以優質的產品為根本的，如果產品本身不夠出色，粉絲行銷效果也就不理想。

所以企業要用實際行動去拉攏更多的粉絲，而不是被動地等待粉絲去為你做任何事情。一方面，要站在消費者的角度，站在粉絲的角度，設計出能夠滿足他們潛在需求的產品；另一方面，要建立與粉絲交流互動的平台，讓粉絲成為你產品的支持者和傳播者，讓他們主動為你的產品代言打知名度。

在「互網路＋」時代諸多興起的行銷思維當中，最博人眼球的就是「粉絲模式」了。我們可以想到有：Apple 的果粉、小米的米粉、Zara 的鐵杆粉絲、明星偶像的粉絲等，都屬於粉絲模式。在網路行銷中，企業追求的目標應該是能夠引導消費者購買的品牌效應、粉絲效應，要知道生拉硬拽來的並不是粉絲。那麼在這個得粉絲者得天下的網路經濟時代，如何才能打動消費者，讓他們變成自己最忠誠的粉絲，對你永遠追隨呢？

⋑ 1. 做好市場定位，找對粉絲群

要聚集粉絲，首先要知道什麼樣的人群才是自己的銷售目標。中高端人群還是低端消費者，青年人、兒童還是老人，男性還是女性，上班族還是商店老闆，這些都是最基本的市場分析與市場定位。只有知道自己的目標，才能做到有的放矢，有針對性的行銷。

⟳ 2. 注重使用者體驗,讓產品品質吸引粉絲

　　如何才能吸引消費者,讓他們變成粉絲呢?那就要引導他們進行產品體驗,行銷就是從用戶體驗開始的,讓使用者在使用產品和享受服務的過程中產生心理變化、感受變化,對產品產生好感,如果能夠給用戶一個積極、高效的體驗,他們就會持續使用你的產品。但前提是要能保證產品的高品質和高性能,讓產品能夠滿足使用者的實際需求,提高其生活品質或是提高其工作效率,這樣的產品才能在高效的體驗中吸引用戶成為忠誠粉絲。

　　在推行用戶體驗行銷時,要讓人人都有參與進來的機會,要讓用戶感受到體驗不再是奢侈的事情,只要有產品需求,人人都可以成為VIP。只有給用戶體驗的機會,用戶才會無償地給產品代言,成為最忠誠的粉絲。宜家在用戶體驗上就敢於大膽嘗試,他們曾經包下一輛地鐵來宣傳新店,將地鐵內部裝扮成家居生活的樣式,以這種新穎的使用者體驗方式進行推廣行銷,洞察用戶內心訴求,並融入到產品設計中,從而達到用戶內心訴求與產品功能的共鳴。參與乘坐地鐵體驗之旅的用戶,還會向更多用戶傳達他體驗到的美好感受,進而為宜家代言,帶來更大的商業價值。網路時代的用戶與以往不同,因為他們有太多選擇,變得更加挑剔。

⟳ 3. 加強使用者服務,從情感上征服粉絲

　　消費者購買商品並不是交易的結束,而僅僅是「粉絲模式」的開始,有了第一次交易之後,使用者在產品本身的使用過程中認可產品,然後在享受使用者服務的過程中產生情感。好的服務大多會超出消費者的心理預期,不管是售前諮詢還是售後服務和維修,都是打動消費者、征服粉絲的關鍵點。粉絲注重情感,從情感上出發才會無條件地喜歡一個人或是事物,而加強使用者服務能夠從情感上征服粉絲,繼而透過粉絲創

造收益。

用戶 ≠ 粉絲

在網路行銷時代，用戶就是某一種技術、產品、服務的購買者和使用者，是以商品交易是否成交來判定的。而粉絲不但使用過你的產品、技術或服務，還會在產品品質、品牌理念與情感認同上成為你最忠誠的支持者和傳播者。所以，用戶和粉絲不是一個概念，一個企業擁有很多用戶，但並不能代表這些使用者都是產品或品牌的粉絲，粉絲與企業、產品口碑之間的親密互動關係要遠大於用戶。於是，如何將現有用戶轉化成粉絲就成了網路行銷的重點之一。用戶是可以轉化成粉絲的，如果使用者能夠對產品或品牌產生情感，表現出忠誠度，那麼也就加入了粉絲群體。那麼，如何才能提高用戶的忠誠度，提高用戶轉粉的轉換率呢？

首先，使用者轉粉應以產品為根本。企業可以通過公司理念、情感訴求和配套的傳播體系來實現用戶轉粉絲，但必須建立在產品品質優良的基礎之上，以產品為根本。如果產品品質差，或是沒有一定的特色與個性，是很難征服用戶的，更別說什麼忠誠度了。

其次，建立粉絲交流平台。普通的社群互動以功能為主、感情為輔，而粉絲經濟的交流則是以情感互動為主。有粉絲、有交流、有互動，是網路行銷的條件之一，建立起粉絲交流平台是實現粉絲經濟的有效途徑——臉書、微信、微博、推特等，都是各個企業與粉絲交流的有效平台，每個平台都各有優勢。企業官網的粉絲專頁一般正面粉絲較多，微博的傳播速度快、覆蓋面廣，微信、LINE 平台便於瞭解用戶的真實回饋，而貼吧的地域性較強。

最後，為使用者提供全程極致體驗。擁有高品質的產品或服務是前提，還要輔以良好的用戶體驗才能提高用戶轉粉率。為了讓使用者重複

購買，需要為使用者提供全程的極致體驗，站在如何更滿足用戶需求的角度上優化產品設計，加強用戶的歸屬感和安全感，這樣才能讓使用者認同你的產品、做事風格，進而成為忠誠粉絲。

另外，還要留意假粉絲的存在。粉絲作為一個群體，很難保證觀點的高度統一，也許會存在跟風的成分，於是假粉也就出現了。這些假粉並沒有對產品或品牌的高度忠誠，只是出於攀比跟風，通常都是看到周圍的人都在追捧，便盲目地投身其中。

得用戶容易，轉粉難；得粉絲容易，養粉難。粉絲是特殊的用戶群體，企業不但要善於轉化粉絲，還要善於培養粉絲，從粉絲那裡吸取最新的回饋資訊並及時做出調整與改進，保持產品的更新換代以滿足粉絲日漸刁鑽的口味需求。粉絲經濟時代，誰能夠把握粉絲的心理變化，誰就能夠佔有市場；誰的粉絲數量更多，誰的市場佔有率就大一些；誰的粉絲忠誠度更高，誰的產品和服務就更成功。忠誠的粉絲就意味著能夠帶來持續的購買行為，同時也會對品牌傳播產生積極有效的作用，為你帶來更多新用戶。

口碑行銷──讓所有人為你按讚

口碑行銷是一種目的，它要消費者、媒體統統都來幫您的商品宣傳。

──美國口碑行銷大師　*Mark Hughes*

要想讓所有人為你的產品和服務按讚，既要有實實在在的好產品、好服務，還要有忠實的用戶。一個品牌要想做出成績，最重要的是有好的口碑，而好口碑是傳出來的，也是做出來的。如果你產品做得很好，別人不知道，那還是沒有發揮產品應有的價值；如果行銷方案做得很好，而產品不給力，那麼好口碑很容易就轉變為「醜聞」。只有將好產品和好的行銷方案二者相結合，才會贏得所有人的讚，按「讚」成金。

1. 讓使用者為你的產品按讚

產品為王，能夠給使用者提供實實在在的使用價值的才是好產品，名副其實的好產品才能贏得使用者真心的讚美。好產品本身就有權威的話語權，如果沒有好產品，再好的行銷也是做白工，更別奢望得到好口碑。就如雷軍對小米目標的描述一樣：「做讓使用者尖叫的產品是我們的追求，我們更追求用戶使用過後真心的推薦。不僅要把產品做好，而且要讓你的消費者，你的用戶去向你身邊的人推薦，這就是小米的目標。」好的產品、好的服務都是讓使用者為你按讚的籌碼。

2. 讓用戶為你做口碑行銷

讓所有人為你按讚，首先要能夠讓用戶為你按讚，為你做免費的口

碑行銷。只有真正使用過產品的人、享受過服務的人，才能說出真實的感受，並把這種美好的感受傳播給周圍的人。所以，我們要找對傳播源，定位最佳忠誠用戶，以點帶面，以忠誠用戶帶動更多的潛在用戶。相比那些大牌的明星代言，忠誠用戶的真實體驗與推薦更容易贏得大家的信任，更容易傳播給他們身邊的親朋好友，也會更積極地影響他們周邊的人的購買決策。

　　✓ 培養品牌忠誠用戶：利用本身的品牌知名度，或者依靠自身過硬的產品品質、服務品質等，培養品牌的忠誠粉絲群體，為口碑行銷拉絲結網。

　　✓ 鼓勵使用者寫出產品體驗的過程、使用回饋和評價：將這些有用資訊轉達給潛在使用者，告訴他們擁有產品後能獲得的好處。

　　✓ 搭建網路社交平台：如臉書粉絲頁、推特、部落格、微信、公司網站等，給用戶提供更多為你按讚的途徑。用戶的積極評價是最好的口碑行銷。

3. 讓粉絲留下評論

　　有電子商務的企業都比較重視消費者的評論，因為他們深知，關注就是銷量，評論就是利潤。舉個最簡單的例子，淘寶網店把提高商品好評率做為一件大事來做，甚至有些店鋪花錢請人寫好評，為什麼呢？因為一個淘寶店鋪會因為消費者的一個差評或者評分低而導致權重下降，影響排名，就會直接影響到產品的銷量。那麼要如何提升店鋪評分與好評率呢？

　　首先一定要有耐心，關注每一個細節，抓住每一個提高店鋪評分與好評的機會，日積月累定能見成效。提高服務品質是一個重要點，服務行業就是這樣，不能因為消費者的某句話不好聽，就影響自己的服務態度，這樣反而會給自己帶來負面影響。

　　另外，網店的商品詳情頁面描述一定要認真對待，縮短商品照片與實物差距，避免發生不必要的糾紛，引起消費者心理反差。

　　最後，快遞公司的選擇也會影響店鋪的好評度，好的快遞公司服務效率高、配送速度快，自然能為你的店鋪加分。做好售後工作，會增加回購率，潛在地提高了店鋪評分與好評。

口碑行銷的六個關鍵點

　　所謂的口碑行銷，就是透過用戶之間的相互交流將自己的產品資訊或者品牌故事傳播開來，以達到銷售的目的。在我們的生活中處處都能看到這樣的場景。例如熱愛美食的朋友，如果公司附近新開了一家餐廳，他會第一時間去品嚐，覺得菜色好吃，用餐環境佳的話，他還不忘拍照上傳廣而告之他的臉書朋友，甚至帶著同事去吃，期間不忘推薦這家餐廳的特色菜品。一名數位達人如果購買了一款最新款的數位產品，例如三星「Gear 360」，必然會在買下的第一時間 PO 出開箱文來顯擺一番，附上大量產品細部照片與使用情境照，甚至即時直播介紹其 360 度攝影的功能，透過直播進行直接的傳達影像，讓初次看到此 3C 產品的消費者也萌生購買之意，於是他就在不自覺中為這些產品做了一次現場版口碑傳播。回想一下你的生活周遭是否有這樣的內行人，自己買了 iPhone 或其他產品，用得不錯就瘋狂地向周圍人推薦，並帶動其他人也買了 iPhone 或者其他產品呢？

　　口碑行銷是網路時代大部分企業都非常重視的行銷方式，如今網路快速發展，要想在競爭激烈的商海中佔據一席之地，就要把口碑行銷做到極致，做到口耳相傳，一傳十，十傳百，這樣才能讓自己的品牌、產品資訊傳遍全世界。以下是做好口碑行銷的六個關鍵點：

1. 做好產品、好品質、好服務

好口碑離不開好的產品、好的服務。首先就是要在品質和服務上有所保證。只有堅持「產品為王」，理解消費者的需求並發揮產品的最大價值，才能滿足消費者的實際需求，最後獲得好的口碑。任何一種完美的行銷手段都掩蓋不住產品自身的不足，沒有營養的產品內容，即使穿上再華麗的行銷外衣，也只能吸引消費者一時的注意，得不到長久的關注和持續的支持，甚至會導致負面的反效果。

2. 尋找口碑傳播中的關鍵聯繫員

口碑傳播是透過使用者之間的相互交流將產品資訊或者品牌故事傳播開來的，所以在廣大的消費者中尋找口碑傳播中的關鍵人物尤為重要，我們不妨把這些關鍵人物稱為口碑行銷中的「意見領袖」。這些「意見領袖」可以是社會菁英，如成功人士、社區管理者等擁有一定社會地位的人，他們善於交際，交際範圍比較廣泛。「意見領袖」也可以是消息比較靈通，又善於廣泛傳播的「聯繫員」，比如公司裡善於傳播八卦新聞、小道消息的「大喇叭」，只要是他們知道的事情，很快身邊的其他人就都知道了。「意見領袖」無處不在，所以要重視你的每一個消費者，並觀察他們是否有成為關鍵聯繫員的潛質，讓你的產品資訊借助聯繫員的傳播遍地開花。

3. 與粉絲進行互動分享

不是將產品資訊傳遞給聯繫員，聯繫員就能幫助企業進行免費的口碑傳播，口碑行銷還離不開與粉絲之間的互動與分享。在粉絲經濟時代下，我們要準確掌握粉絲的心理變化，把粉絲當作自己的朋友，瞭解他們真正的需求，並根據他們回饋需求的資訊及時調整、改進產品和服務，做到超出粉絲的預期。與粉絲間的互動方式也是多種多樣的，如節假日的祝福問候，周到的售後服務等。同時，企業要多多鼓勵粉絲進行體驗

感受的分享，他們的用戶體驗經驗對那些潛在消費者來說異常珍貴，具有消費引導的作用。經常上淘寶的人都知道，多看看買家評論總是能看出一些產品問題的。

4. 以情動人，分享你的新奇故事

一個好的產品和服務，除了「以質取勝」，就是用標準化的品質內容吸引消費者，還要做到「以情動人」，讓消費者認同企業所崇尚的文化、品牌背後的故事。互聯網時代的口碑行銷要做到極致，做到完美，就要想辦法讓用戶主動傳述企業品牌的故事，而那些真正深入消費者內心的故事更能打動消費者，分享的故事可以是新奇的、感人的，也可以是快樂逗趣的，它們都有可能成為消費者口中津津樂道的題材。

5. 提供互聯網口碑行銷環境，建立互動平台

口碑行銷離不開傳播媒介，因此你需要為產品資訊、品牌故事的傳播提供一個良好的網路行銷環境，並以此為媒介大做文章。企業官網、社群論壇、FB、LINE 微博、微信等都可以成為消費者之間互動的平台。在這樣的平台上，企業不但可以傳達自己的行銷理念，還能了解到消費者的心聲和訴求，在交流中加深情感互動。

6. 線上行銷不動搖，線下口碑齊進行

互聯網時代的口碑行銷主戰場是在線上，於是很多企業往往因此忽略了線下行銷，以致於難以達到口碑行銷的最佳效果。網路的資訊快速傳播優勢應該加以利用，但是線下的行銷活動也是具有潛移默化的效果的。如果能夠做到線上行銷不動搖，線下口碑齊進行，線上線下相結合，那麼口碑行銷才是長期的、持續的、效果顯著的。

最夯的網路媒體——線上行銷

網路行銷已經是每天消費者一定會經歷的行銷方式，現在正是你擁抱它的最佳時機。

——網路行銷顧問　鄭世博

線上行銷，顧名思義就是建立在網路基礎之上，實現企業銷售目標的一種銷售手段。隨著現今網路技術的日益成熟，低廉的運營成本，讓越來越多的商家、買家能夠利用網路這一平台各取所需。

傳統行銷時代，企業往往要通過專業的廣告公司進行策劃，根據自身產品的特點，定位消費群體，尋找媒體投放廣告，不但繁瑣且資本投入高。而網路行銷讓所有的環節都簡單化，企業可以跨越時間和空間的限制，直接將廣告傳遞給消費者個人，再加上網路的高技術性、高整合性做強大的後盾，企業可以以最低的成本投入，獲得利益的最大化。

有別於實體行銷，網路行銷是有其獨特的優勢的，其特點可以歸納為以下幾個方面。

⊃ 1. 不受時間和空間上的限制

由於網路不受時間和空間的限制，資訊能夠更快、更準確地完成交換，企業和個人能夠全天候地為全世界的客戶提供服務，既方便了消費者的購買，又為賣方省去了繁瑣的銷售工作。目前網路技術的發展已完全突破了空間的束縛，從過去受地理位置限制的局部市場，擴展為範圍更加廣闊的全球市場。

2. 傳播媒介豐富

擁有豐富傳播媒介資源的網路可以對多種資訊進行傳遞，如文字聲音、圖片和影音資訊等，這些傳播媒介能夠讓產品更加形象立體地呈現出來，能夠讓消費者對商品的瞭解更加深刻詳盡。

3. 行銷方與消費者之間的互動性

商品的本質資訊和圖片資訊的展示，可以透過網路的資料庫進行查詢，從而在消費者和行銷方之間進行資訊溝通。也可以透過互聯網進行客戶滿意度調查、客戶需求調查等，為商品或服務的設計、改進提供及時的意見資訊。

4. 交易氛圍的獨特性

網路行銷是一種以消費者為主導的交易方式，因此消費者可以理性地選擇所需商品，避開那些強迫性推銷。供需雙方可以通過資訊交換、溝通建立起良好的合作關係。消費者可以體會到網路行銷所帶來的好處：較低的價格、人性化的服務。這是其他行銷方式所無法比擬的。

5. 售前、售中與售後的高度整合性

網路行銷是一種包括售前的商品介紹、售中交易、售後服務的全流程的行銷模式。它以統一的傳播方式，不同的行銷活動，向消費者傳遞商品資訊，向商家回饋客戶意見，免去了不同的傳播方式造成的多因素影響，便於消費者及時表達意見，便於商家及時掌控市場訊息。

6. 行銷能力的超前性

網路作為一種功能強大的行銷工具，它所提供的功能是全方位的，無論是從通路、促銷、電子交易，還是互動、售後服務，都滿足了行銷的全部需求，它所具備的行銷能力具有超前性。

7. 平台服務的高效性

網路的高效性正深深地改變著人們的生活，可以存儲大量資訊的電

腦，為網路行銷提供了高效能的平台。它不但能夠為消費者提供查詢服務，還可以應市場的需求，傳送精準度極高的資訊，及時有效地讓商家理解並滿足客戶的需求，其高效性遠超其他媒體。

◯ 8. 運營成本的經濟性

網路發展日益成熟，網路行銷的營運成本也在逐步降低，尤其是與之前的實物交換相比較，其經濟性更有明顯的優勢。網路以外的行銷方式需要一定的店面租金、人工成本、水電費用等支出，投入的資金遠比網路行銷要高很多。所有企業都希望降低行銷成本以求得利益的最大化，而網路行銷具有明顯的優勢，其運營成本低廉，受眾規模大，能夠為企業提升競爭力，拓展銷售管道，增加使用者規模，因此越來越受到企業的關注。

行動行銷強調精準、即時、互動！

在最近幾年裡，發展最迅速、市場潛力最大、改變人們生活最多、發展前景最誘人的，莫過於行動網路了。從智慧型手機的普及開始，加上社群媒體的快速發展，消費者的生活已與手機密不可分，手機「走到哪、買到哪」的便利性，更連帶改變了消費者的消費行為，使得品牌也不得不制定相關的行動行銷策略來吸引消費者。每年的行動上網人數都在不斷地攀升，其驚人的成長速度已被世界所矚目。手機網民數量的快速成長，也帶動了「行動行銷」（Mobile Marketing，主要是指伴隨著手機和其他以無線通訊技術為基礎的行動終端的發展而逐漸成長起來的一種全新的行銷方式。）的興起和發展。

行動網路被認為是未來的發展趨勢，因為網路用戶已經不單單只是在 PC 上體驗操作，手機用戶也可以透過網路借助 LINE、微信、FB、QQ 等各種工具，隨時隨地在朋友圈中進行溝通和交流。行動網路的發展

也讓許多企業轉變思維，在行動網路上進行「圈地運動」，構建自己的粉絲群，打開行銷管道，將行銷做到極致。

現在是個碎片化時代，當人們的干擾太多，注意力已成稀有財，消費者沒有足夠的耐心專注在廣告上，因此廣告必須夠有創意才能吸引消費者目光。

與 PC 時代的網路行銷相比，行動行銷更注重個人資訊和感受，互動也更加簡單和便捷，用戶回饋的聲音也更真實和具體。每個人都可以利用手中的手機，成為資訊傳播的中心和新聞的源頭。無論是網路的便攜性、移動性還是社交互動性，都使得消費者間的分享更加便捷，連結日益密切，同時也極大地改變著消費者的資訊獲取和使用模式。行動網路的行銷有以下四大特點：

1. 便攜性、移動性

由於便於隨身攜帶性，人在哪裡行動網路就在哪裡，它與手機用戶可以說是形影不離，坐車的時候看看手機，等人的時候看看手機，如廁看手機，睡覺前看手機……除了睡眠時間，行動設備是陪伴主人時間最多的，這種優越性也是傳統 PC 無法比擬的。那些有趣的手機應用軟體讓人們把大量的零散時間有效地利用起來，也就給行銷帶來了更多的機會，大家都在線上，就不怕沒人看到企業的產品資訊推廣，就不怕沒人參與到產品互動當中來。消費者可以隨時隨地接入網路享受各種服務和體驗，比如消費者掃描 QR 碼可以很快連接到線上獲取資訊和下達訂單，然後可以在線下實現貨物提領或服務。

2. 精準性、高效性

由於手機等行動裝置是專屬個人的，是私有財產，所以也更具個人性和明顯性，所以行銷時進行目標使用者定位就能更加精準和具體。性別、年齡層次、產品需求等資訊，都有利於行銷人員在快速鎖定與自己

產品服務相匹配的目標客群，進而進行銷售方案的改進和實施。

3. 成本相對低廉性

行動行銷具有明顯的成本優勢，因為智慧型手機的使用者眾多，覆蓋面廣泛，而且不受時間、空間的限制，行銷快捷便利，所以無論與傳統行銷還是 PC 行銷相比較，行動行銷需要投入的成本都不高。因其成本投入低廉、價值回報高，成為企業降低行銷成本、尋求行銷管道、提升競爭力、拓展銷售市場的最佳選擇。

4. 社交互動性

無論是行動通訊與網路的結合，還是個人生活與網路平台的結合，都體現了行動網路的社交性。無論是微信、LINE、QQ 還是臉書，其作用都是增加社會交往的頻率與密度。最初，網路是通訊工具、新媒體；如今，網路是大眾創業、萬眾創新的新工具。只要「一機在手」，「人人線上」，「電腦＋人腦」融合起來，就可以透過眾籌、眾包等方式獲取大量資源資訊。基於行動網路社交性的特點，行動行銷在熟人朋友間實現了資訊分享、資訊推薦和互動交流，從而減少了用戶對傳統商業行銷資訊的反感和排斥心理。

LINE@ 生活圈的多元應用方式，為行動行銷開啟了無限可能。想要成功經營社群，不是只靠傳統的單向傳播，而是透過雙向的互動，了解顧客的心理，在商品、行銷操作上才能更加得心應手。

看準 LINE 在台灣有 1700 萬的用戶，以及 LINE@ 的精準行銷方式，橡木桶洋酒從 2015 年開始經營 LINE@ 帳號。以招募大量好友為目標的他們，陸續舉辦多元類型的 LINE@ 好友專屬活動，透過有趣的獨家活動，以及病毒式的好友推薦力量，在短短幾個月內，橡木桶洋酒的好友人數突破 2,000 大關！其中，好友最喜歡、也最熱烈參與的就是贈品活動。這樣用心的設計，不但能為橡木桶洋酒一次帶來百名好友，也能

以間接的方式，作為新產品上市的宣傳。

網路行銷的行動指南

網路行銷，提升您的口碑，增加您的訂單，只做網站不做行銷，效果砍一半。因為網路行銷的應用已經越來越廣泛，涵蓋我們生產生活中的各行各業，滲透到人們的衣食住行。

網路行銷不是簡單的資訊發佈、網站推廣，網路行銷的開展需要科學地制訂行銷目標與計畫，需要全方位的配套設施與支持。以下就網路行銷的注意事項提出幾點，希望能夠幫助大家理清思路，做為行動參考。

1. 從消費者的需求出發，吸引網民的眼球

網路行銷的產品和服務種類繁多，覆蓋面廣泛，要想吸引消費者或潛在消費者的注意力，那就要從消費者的角度出發，想一想消費者如果有購買需求，會注重產品的哪些品質，或是如何在搜尋引擎裡尋找關鍵字。同時，在製作行銷資訊內容時，要重點突顯產品的品質、優勢與亮點，運用新穎獨特的顯示設定，抓住消費者的眼球，給消費者留下深刻印象。

網路具有資訊共用、交流成本低廉、資訊傳播速度快等特點，在網路發達的今天，產品資訊、行銷訊息浩如煙海，對消費者來說，這些資訊是相對過剩的。所以說，消費者所缺少的不是資訊，而是能夠吸引自己注意力、滿足自身實際需求的最佳產品。從消費者的角度出發，感受消費者的最佳需求，是吸引消費者注意力的首要條件。用亮點吸引顧客，創造出與顧客的個性化需求相匹配的產品特色或者服務特色，才能成功吸引網路顧客的注意力。而不是強勢地不斷地用廣告「轟炸」，那些強行向顧客灌輸資訊的方式，只會令顧客產生反感，避而遠之。

2. 針對個性化需求做行銷

隨著網路行銷的快速發展，產品日趨完美、服務越加完善，消費者

的口味也越來越刁鑽，於是個性化需求漸漸成為了行銷界不容忽視的發展趨勢。個性化革命悄然而至，私人定製成為新的行銷趨勢，要轉而思考：是繼續為每一位消費者都提供完全一樣的服務，還是為滿足消費者的個性化需求提供獨特的服務。答案顯而易見，個性化行銷是每個企業都應該關注的新型行銷方式。

個性化行銷在傳統的大規模生產的基礎上，從產品與服務上根據每一位消費者的特殊要求進行個性化改進，簡單地解釋就是「量體裁衣」。最後以消費者應當支付的價格高效率地完成交易。

與傳統的行銷方式相比，根據消費者的個性化需求所設計的行銷活動具有獨特的競爭優勢。

- 實施一對一行銷滿足用戶的個性化需求，體現出「用戶至上」的行銷觀念。
- 個性化行銷目標明確，以銷定產，避開了庫存壓力，降低了生產投入成本。
- 在一定程度上減少了企業新產品開發和決策的風險。

滿足消費者的個性化需求是一項大工程，無論是從產品內容、服務體驗還是行銷模式上都需要具備與眾不同的特點，個性化應貫穿始終。

首先，產品內容需要個性化，無論是產品的結構設計、外觀形象，還是價格定位、功能使用上，應最大限度地滿足某一類消費群體的個性需求。

其次，將服務體驗個性化，好的服務體驗能夠提高產品的附加價值，感動消費者，滿足消費者在個人情感上的心理訴求。最後，採取個性化的行銷模式直達消費者的內心，好的行銷管道能夠直接有效地刺激目標消費群體，好的行銷方式能夠準確地吸引有個性化需求的消費者。

⇨ 3. 讓價格成為優勢，吸引顧客，戰勝競爭對手

網路行銷的開展依靠飛速發展的資訊網路，而資訊網路又為顧客提供了準確而廣泛的價值資訊，這些十分便利的條件，有利於顧客對不同企業的產品和服務的價值進行比較與評估，從而選出最優商品。所以，一個企業要想在網路行銷中戰勝對手，吸引更多的潛在顧客，就要在產品價格上做出讓步，向顧客提供比競爭對手更優惠的價格。

從另一個角度上來說，產品的線上銷售價格大多都會低於線下銷售價格，因為線上銷售能節省一定的資金投入，如店面租金、人工成本、水電費用等支出。因此，線上銷售企業就應該把競爭對手定位在同樣採用網路行銷方式的企業，考慮如何提高產品價值和服務價值，降低生產與銷售成本，以最低的價格吸引顧客，在網路行銷戰中取得勝利。

⇨ 4. 長期經營樹立品牌效應

網路行銷最忌諱的就是一錘子買賣，企業應該把銷售的目標放長遠一點，不但要在品質、價格、服務上優於別人，還要樹立起品牌效應，把網路行銷當作一項長期工程。這就好比淘寶店鋪的等級，是需要日積月累才能換來的，而顧客們更喜歡在信譽度高的店鋪或一些品牌旗艦店選購商品。有些企業可能兩三單生意就收回行銷成本，於是開始失去了對網路行銷的耐性，而有的企業因為短時間內效果不明顯而退出，這都是不利於品牌效應的形成的。

做好品牌行銷，企業要在不斷提高產品和服務品質的同時，輔以恰當的形象推廣，提高品牌的知名度、美譽度，最終樹立起大眾信賴的網路品牌。對網路品牌的行銷，既有利於發掘潛在的新顧客，又有利於留住老顧客，促成老顧客重複回購。一舉多得，何樂而不為呢？

⇨ 5. 建立自己的朋友圈，做好關係行銷

網路行銷從某種意義上來說更是一種資源整合，我需要你銷售的化

妝品，他需要我銷售的美味食品，而你正需要他銷售的暢銷書，這就是我們的「朋友圈」，也是我們做好關係行銷的優勢所在。現代市場行銷的發展趨勢已經漸漸地從交易行銷向關係行銷轉變。一個強有力的企業不僅能夠贏得顧客，而且能夠長期地擁有顧客，建立關係行銷，是永久保留顧客的制勝法寶。所以我們要放棄短期利益，把目標轉向長遠利益，和顧客建立起友好的合作關係，透過與顧客建立長期穩定的關係，才能實現長期擁有顧客的目標。

行銷新思維不斷湧現

偉大企業的成功都是因為產品創新的成功，產品是企業最大的戰略。因此，對於每一個企業而言，如何打造自己的戰略新品，是提升銷量的關鍵。

——互聯網名言

面對互聯網浪潮的洶湧而來，傳統行業應以積極的姿態迎接網路新時代，用互聯網思維去武裝行銷，這就是「互聯網＋行銷」。

現在，眾多企業感受到了中國經濟轉型之痛，困局、危機眾多，傳統企業舉步維艱。曾經的龐然大物在頃刻間轟然倒塌，角落裡小企業瞬間成為行業領先。曾經手機行業的老大諾基亞現如今屈居微軟之下，名不見經傳的小米成為全球成長最快的企業，傳統的工業思維受到互聯網思維的強勢挑戰。

在互聯網環境中成長起來的新世代年輕網路族已經成為消費主力軍，他們在用他們自己的方式選擇品牌、選擇產品。工業化時代行銷思維的權威性逐漸減弱，不管你願不願意，互聯網思維、「互聯網＋」行銷就這樣來到我們身邊。

互聯網改變行銷規則

隨著網路技術的快速發展，企業行銷需要依靠價值驅動，將企業使命、願景和價值觀與消費者的互動溝通，藉此建立起鐵杆「粉絲群」，

實現產品的持續銷售。

　　典型的互聯網企業小米科技做的仍然是傳統的事：手機、電視、路由器等電子產品的製造與銷售。而 TCL、聯想、華為等都在做同樣的事，但是小米是黑馬，因為小米是用互聯網思維來做的。幾乎全面顛覆了手機業「行規」的小米，被視為互聯網思維的最佳代言者，如今的估值已經超過百億美元。

　　傳統企業用工業化生產的路徑前行，流程冗長繁瑣、等級分明而因此全制約了企業發展，而互聯網思維的企業要求扁平化管理，在網路上實現互聯互通和跨越時空的聯繫，因此，隨著互聯網的發展，從意識、思考方式和行為習慣，到行銷方法，都將產生新模式、新產品和新形態，一種交叉、融合與互補的跨界模式正改變著行銷規則。

　　「互聯網＋」時代講究產品的「體驗」和「極致」，也就是說「以使用者為中心」，將產品做到極致，製造「讓使用者尖叫」的產品是互聯網時代的產品顛覆真理。而且，隨著行動網路的發展與普及，用戶與企業之間溝通的管道非常通暢，企業完全可以將用戶回饋囊括在糾錯機制之中，形成內部創新的標準化體系，加快產品的更新週期。因此，行銷的關鍵就是要「全通路」接觸顧客，「體驗」至上。

人人都是產品經理

　　傳統工業思維是企業提供產品服務，藉由行銷、推廣等手段讓消費者購買贏得市場佔有率。「互聯網＋」行銷需要充分考慮消費者的意見，依據消費者的需求定製產品，消費者參與產品設計，可以說，「人人都是產品經理」。在產品沒出來前，消費者就已經決定購買，所以，有人說到了網路時代，如果企業的所有努力不能取悅消費者（粉絲），那麼之前一切投入的時間、金錢就是打水漂，市場的話語權就回到消費者手

中了。

在 2013 年的時候，一家叫作黃太吉的煎餅店迅速在網路上走紅。黃太吉被廣泛關注則是因為網友們津津樂道地分享「黃太吉老闆開著賓士車送外賣」的故事。透過不斷的網路炒作，黃太吉不經意間就成為當時上班族都想嚐一嚐的「時尚煎餅」。然而，大眾點評網上的評論卻將黃太吉「打回原形」，多數網友認為黃太吉煎餅用餐環境不錯、服務也好，但口味的確一般。「黃太吉的裝修和服務都很好，東西本身不行，完全沒有再去一次的欲望。估計最後和馬蘭拉麵似的吧，火一陣子，然後店家喊累了人們也聽煩了，湊合存在著。」大眾點評一位網友評價道。

過度重視行銷炒作以及噱頭的製造，卻忽視了產品本身的口味或價值，成了黃太吉煎餅的致命傷。

可見，我們也不能被互聯網思維顛覆一切的浪漫衝昏頭腦，雖然互聯網時代的一切都在變，但行銷還有著其不變的堅守，那就是消費者，失去了消費者，企業就失去了存在的價值。企業要發展，就不能忽視消費者的個性化需求，在產品上、服務上力求對每個消費者進行識別追蹤，建立長期的互動。人都是有情感的，在顧客習慣了你的產品服務之後，就不會輕易地離開，反而不會花費更多的時間和精力去瞭解、適應其他的產品的。因此，「滿足」消費者需求，創造消費者的「滿意」，仍是每個企業的使命和宗旨。

消費者是企業的資源，更是企業的資產。企業要改變以往那種尋求短期利益最大化的「交易行銷」，轉型為追求長期利益最大化的「關係行銷」，在買賣雙方之間創造更親密的共用和依賴。因此，累積消費者忠誠的關係行銷將會是傳統產業實現「互聯網＋」在行銷方面所要重點施力之處。

傳統通路瓦解，企業直接面對消費者

通路為王的時代已經過去，互聯網時代打破了終端的束縛，電子商務的發展將層層的代理和複雜的終端打破。企業可以直接與消費者建立聯繫，過去傳統的通路控制消費者的能力逐漸減弱，壟斷通路已漸漸瓦解。

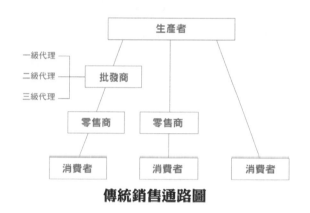

傳統銷售通路圖

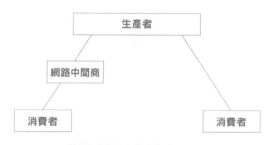

網路銷售通路圖

近十年來，全球的品牌企業開始投入線上銷售，擁有自己的網路通路，像是 Apple、小米、Ikea、Gap、NIKE、Uniqlo……等，在台灣，網路原生品牌 Lativ、東京著衣、Pazzo、Grace Gift……等，在線上銷售都取得不錯的成績。

作為互聯網思維下最典型的代表，小米在銷售通路上堅持選用線上銷售的電子通路作為其唯一的銷售管道，而當前隨著中國聯通、中國電信定製機的相繼問世，小米也真正實現了流通管道的多元化。要知道，單純依靠網路銷售模式的確為小米省下了不菲的通路行銷費用，而多頻次的「饑餓行銷」模式又放大了其在通路上的相對優勢。小米的這種網路行銷手段使小米的廣告費用只占 0.5%，通路成本也在 1% 以下。

因此，傳統產業要想實現「互聯網＋」，必須先實現「現代行銷企業」的轉型，也就是人人都是「為顧客服務」。從上到下、從下到上都理解並知道，只是環節、職務不同，工作目的一致。以員工滿意帶來顧客、供應商、經銷商滿意和股東滿意，促進社會大眾滿意，也只有如此，才能帶來更多、更忠誠的粉絲，才能創造更多讓人尖叫的產品。同時，意識到「行銷」不僅是重要的管理職能，更是企業文化、經營哲學，真正「以用戶為中心」，所有行銷創新都要基於粉絲的需求，行銷才有良好的生存環境。

大數據行銷的十個價值

利用大數據行銷，能夠精準高效地提升廣告能力，並獲得高效的投資回報率。如果你曾在 Amazon、博客來、momo 購物過一定有過這樣的體驗，一開始你會看到一些突然冒出來無厘頭的推薦，網站會根據你現在瀏覽的商品跟你說曾經瀏覽過這個商品的人又看過了什麼，或是買這個商品的人他們也會購買什麼商品，然後給你一份推薦清單，其中還包括你自己的瀏覽紀錄及購物紀錄，這種推薦方式是根據歷史購買紀錄計算的喔！根據統計資料這種推薦方式讓 Amazon 在一秒鐘能夠賣出 79.2 樣商品呢！這就是電商透過大數據分析出該消費者的購買傾向並預測出他可能會購買的商品，進而進行的精準行銷。

這樣做無疑增強了消費者的購買欲望，同時也在多層次上滿足了消費者的需求，並且提高了電商的工作效率和商品成交率。

大數據行銷的價值不勝枚舉，海量的行銷資料能夠精確獲取消費者以及潛在客戶的消費特徵，那麼大數據行銷的價值具體有哪些呢？

1. 用行為與特徵分析

只要累積足夠的用戶資料，就能分析出用戶的喜好與購買習慣，甚至做到「比用戶更瞭解用戶自己」。有了這一點，才是許多大數據行銷的最有力依據。無論如何，那些過去將「一切以客戶為中心」作為口號的企業可以想想，過去你們真的能及時全面地瞭解客戶的需求與所想嗎？或許只有在大數據時代，這個問題的答案才更明確。

2. 精準行銷資訊推送支撐

過去多少年了，精準行銷總是被許多公司提及，但是真正做到的少之又少，反而是垃圾信息氾濫。究其原因，主要就是過去名義上的精準行銷並不怎麼精準，因為其缺少使用者特徵資料支撐及詳細準確的分析。相對而言，現在的 RTB（即時競價）廣告等應用則向我們展示了比以前更好的精準性，而其背後靠的就是大數據的支撐。

3. 引導產品及行銷活動投使用者所好

如果能在產品生產之前瞭解潛在使用者的主要特徵，以及他們對產品的期待，那麼你的產品即可投其所好。例如，Netflix 在投拍《紙牌屋》之前，就是透過大數據分析並知道了潛在觀眾最喜歡的導演與演員，結果果然捕獲了觀眾的心。又如，《小時代》在預告片投放後，即從微博上通過大數據分析得知其電影的主要觀眾群為 90 後女性，因此後續的行銷活動則主要針對這些人群展開。

4. 競爭對手監測與品牌傳播

競爭對手在做什麼是許多企業想瞭解的，即使對方不會告訴你，但

你也可以通過大數據監測分析得知。品牌傳播的有效性亦可通過大數據分析找準方向。例如，可以進行傳播趨勢分析、內容特徵分析、互動用戶分析、正負情緒分析、口碑品類分析、產品屬性分析等，也可以藉由監測掌握競爭對手的傳播態勢，根據使用者的心聲策劃內容，甚至可以評估微博矩陣運營效果。

5. 品牌危機監測及管理支援

新媒體時代，品牌危機使許多企業談虎色變，然而大數據可以讓企業提前有所洞察。在危機爆發過程中，最需要的是跟蹤危機傳播趨勢，識別重要參與人員，方便快速應對。大數據可以採集負面定義內容，及時啟動危機跟蹤和預警，按照人群社會屬性分析，聚類事件程序中的觀點，識別關鍵人物及傳播路徑，進而可以保護企業、產品的聲譽，抓住源頭和關鍵節點，快速有效地處理危機。

6. 企業重點客戶篩選

許多企業家糾結的事是：在企業的用戶、好友與粉絲中，哪些是最有價值的用戶。有了大數據，或許這一切都可以更加有事實支撐。從用戶訪問的各種網站可以判斷出其最近關心的東西是否與你旗下產品相關；從用戶在社會化媒體上所發佈的各類內容及與他人互動的內容中，可以找出千絲萬縷的資訊，利用某種規則關聯並綜合起來，就可以讓企業篩選重點的目標用戶。

7. 大數據用於改善使用者體驗

要改善用戶體驗，關鍵在於真正瞭解用戶及他們所使用的產品的狀況，做最適時的提醒。例如，在大數據時代或許你正駕駛的汽車可提前救你一命。只要經由遍佈全車的感測器收集車輛運行資訊，在你的汽車關鍵零件發生問題之前，就會提前向你或車廠發出預警，這絕不僅僅是節省金錢，還有益於行車安全。事實上，美國的 UPS 快遞公司早在

2000 年就利用這種基於大數據的預測性分析系統來檢測全美 60000 輛車輛的即時車況，以便及時地進行預防性保養或整修。

8. 社會化客戶分級管理支援

面對日新月異的新媒體，許多企業想透過對粉絲的公開內容和互動記錄分析，將粉絲轉化為潛在用戶，啟動社會化資產價值，並對潛在用戶進行多角度的畫像。大數據可以分析活躍粉絲的互動內容，設定消費者畫像的各種規則，關聯潛在使用者與會員資料，關聯潛在使用者與客服資料，篩選目標群體做精準行銷，進而可以使傳統客戶關係管理結合社會化資料，豐富使用者不同維度的標籤，並可動態更新消費者生命週期資料，保持資訊新鮮有效。

9. 發現新市場與新趨勢

基於大數據的分析與預測，對於企業家洞察新市場與把握經濟走向都是極大的支持。例如，阿里巴巴從大量交易資料中更早發現了國際金融危機的到來。又如，在 2012 年美國總統選舉中，微軟研究院的 David Rothschild 就曾使用大數據模型，準確預測了美國 50 個州和哥倫比亞特區共計 51 個選區中 50 個地區的選舉結果，準確率高於 98%。之後，他又通過大數據分析，對第 85 屆奧斯卡各獎項的歸屬進行了預測，除了最佳導演外，其他各獎項預測全部命中。

10. 市場預測與決策分析支持

關於資料對市場預測及決策分析的支援，過去早就在資料分析與資料挖掘盛行的年代被提出過。沃爾瑪著名的「啤酒與尿布」案例即是那時的傑作。只是由於大數據時代資料的大規模與多類型對資料分析與資料採擷提出了新要求。更全面、速度更及時的大數據，必然對市場預測及決策分析進一步發展提供更好的支撐。要知道，似是而非或錯誤的、過時的資料對決策者而言簡直就是災難。

　　互聯網思維是一種時代轉型的信號，在實踐「互聯網＋」的道路上，傳統企業必須勇敢地面對這種衝擊，主動變革比創業本身更需要勇氣，我們所要關注的焦點是新時代下客戶的生活方式，而不是互聯網本身，所要克服的是過去的成功所造成的慣性思維。在互聯網浪潮的衝擊下，毫無疑問會有一批企業被淘汰，但當越來越多的傳統企業明白時代轉型的要義後，依舊可跳上一曲優美的華爾滋，來一次華麗的轉身。

第七章

啟動「互聯網＋企業」的關鍵

Changing With
The Internet

跨界——讓企業無邊界

企業無邊界、管理無領導、供應鏈無尺度。

——中國家電龍頭海爾董事長　張瑞敏

企業邊界是指企業以其核心能力為基礎，在與市場的相互作用過程中形成的經營範圍和經營規模，其決定因素是經營效率。

傳統西方經濟學對於企業邊界的認識可以追溯到古典經濟學創始人亞當・史密斯（Adam Smith）。他認為企業的存在及其邊界與勞動分工密切相關；新古典經濟學則把企業看作是完全同質的追求利潤最大化的生產者，認為在給定技術條件的最優化決策下，企業的規模邊界是清晰而簡單的；而在新制度經濟學看來，企業的存在及其邊界取決於企業管理費用與市場交易費用的比較，因而應該是明晰的。

但實際上，決定一個企業邊界的因素非常多，既包括外部的生產技術條件、交通通訊環境、資本數量、信用制度、市場結構、產業結構、政府政策、法律法規等，也包括內部的企業目標函數。這些因素都會影響企業的成本與收益狀況，從而影響企業的發展和規模程度。

在互聯網時代，企業的一個重要特徵就是跨界，換句話說，就是企業無邊界！科技巨頭 Google 研發了無人駕駛汽車，並聯合多家汽車公司與一家晶片企業開發汽車「作業系統」；從阿芙精油、雕爺牛腩、薛蟠烤串到河狸家，作為連續跨界的創業者，中國的「雕爺」孟醒曾一度被當作互聯網時代創業者的典型代表。

隨著「互聯網＋」在各行各業的推行，各種新興商業模式和管理模式不斷湧現，其中很多突破了企業的邊界，改變了管理的原則和方法。例如，當「交易成本」不斷降低的時候，大企業賴以生存的根基開始動搖，相反地，一些小型企業、小型組織、小型團隊開始借助網路和行動網路與全球用戶共用資源和知識，產生了極大的競爭力。

擴大企業的有效邊界

　　網路是一個龐大的世界，它創造了一個公開、平等的環境。利用網路和電子商務平台，即便再小的企業，透過網路直銷和外包形式也可以把產品的生產與銷售做得非常大，而不受資本的限制；而大型企業則可以大大降低各個環節的成本，這包括訂單的取得、原料的採購、生產管理到產品銷售等，使生產規模和銷售管道不斷擴大。

　　不但如此，在網路經濟模式下，極低的網路使用費用和極其廣闊的市場，加上定製化生產眾多，使得產品和服務能分攤固定成本，這樣就可以實現規模報酬遞增。充分利用網路傳播和零售通路，即使是滿足需求曲線中那條長尾末端的需求，其銷售規模也是相當大的，「長尾理論」告訴我們的就是這個道理。

改變了傳統的商業模式

　　網路和電子商務改變了傳統工業時代大生產、大零售、標準化消費的典型模式，在市場細分進入微型化階段仍可進行大規模的定製化生產，滿足全球用戶的個性化需求，並經由外包的形式可以實現從創意的形成、市場調研，到產品研發、生產與銷售的外部化，而將企業的重點轉移到產品的服務、品牌和創新上，從而提升產品的附加價值，iPhone 正是這一商業模式的典範。

可見，網路和電子商務創造的新的商業模式能實現以較低的成本迅速地開拓行銷通路。不管是大企業還是中小企業，只要進入電子商務平台，其產品就可以克服傳統通路的重重阻礙而在一夜之間推向全世界，完成傳遞產品和服務的資訊、實施促銷、進行銷售等功能。有資料顯示，目前網路上的商品已經達到數十億件。

2014 年，內蒙古錫林郭勒盟蘇尼特左旗放心畜產品溯源技術有限公司與杭州聚古網路科技有限公司簽訂協定：雙方合作，擁有地理標誌認證和產地溯源認證的蘇尼特羊肉產品正式登錄天貓商城。

由於獨特的地理優勢和生態環境，蘇尼特羊肉具有營養豐富、口感柔滑、味美多汁的特點，被人們稱之為「肉中人參」。但優良的品質卻實現不了優越的價格，2014 年，蘇尼特左旗被確定為「錫林郭勒羊肉」全產業鏈追溯體系建設試點旗縣和自治區農村牧區綜合改革示範點旗縣，這也為當地肉羊產業實現優質優價提供了技術保障和難得機遇。有了溯源技術和認證體系，市場上「掛羊頭賣狗肉」的現象得到有效控制，但如何把優質蘇尼特羊肉直接送到廣大消費者的餐桌上又成了一個難題，經過廣泛的市場調研，最終，當地政府經由電商銷售，讓優質羊肉走進全國各地市場。

如此一來，以電商打通市場終端形成全產業鏈，為蘇尼特左旗肉羊產業的蓬勃發展提供了強大的生命力。不僅如此，蘇尼特左旗還大力發展現代小物流，打通市場下游環節，通過與現代化物流企業合作，實現北京消費者網路訂單下達四十八小時內到貨的承諾，擴大服務覆蓋面，打開大城市市場。由此，名揚天下的蘇尼特羊肉形成從生產到市場的現代化全產業鏈。

樂視網的跨界戰略

互聯網時代的到來顛覆了傳統經濟的發展模式，而新模式的基礎和運行則體現在網路化上，市場和企業更多地呈現出網路化特徵。作為「互聯網＋」時代勇敢的嘗試者，海爾認為網路化企業發展戰略的實施路徑主要體現在三個方面：企業無邊界、管理無領導、供應鏈無尺度。只有「無邊界」才能實現「平台化」，網路經濟迫使企業必須無邊界，實現和用戶之間的零距離，同時也拆掉企業內部之間的牆，變成一個真正網路化的組織，成為一個無邊界的聚散資源的平台，其目標就是滿足使用者全流程的體驗。

幾年前，很多人對樂視網還並不熟悉，但《甄嬛傳》熱播之後，這個獲得《甄嬛傳》網路獨播權的網站也開始躥紅。現在，提起樂視網，用戶想到的不僅僅是看電視劇，還有樂視電視。樂視網在 2012 年宣佈進軍智慧電視，研發生產「樂視 TV 超級電視」；2013 年 5 月，樂視網兩款電視上市──一款 60 英寸，售價 6999 人民幣，一款 40 英寸，售價 1999 人民幣。值得一提的是，這一售價遠低於市場同類型產品。

作為一家互聯網企業的樂視網，為何不在其互聯網領域「安分守己」，為何要跨界做電視機？這源於樂視的野心——建立包括軟體、硬體和服務在內的生態系統。

一家只懂做平台的互聯網公司如何進軍已被寡頭瓜分的電視機市場？

對於影視平台來說，用戶是沒有忠誠度的，好內容在哪裡，他們的鼠標就點到哪裡。於是樂視就想直接靠硬體，走進用戶的家裡、生活裡，以此來捆綁用戶，希望培養用戶更長期、更忠誠地對內容付費的習慣——硬體＋內容＋會費。於是 2013 年 3 月，樂視宣布與富士康達成戰略合作，由富士康為樂視生產電視機。樂視的轉型就是複製 Apple 模式，利用版權優勢，集成視頻內容，做電視盒子。在 Apple TV 無法正常登陸的中國大陸，樂視盒子和小米盒子成了很多家庭把電視畫面更新到網路世界的第一選擇。

一台超薄、液晶、大螢幕的高清電視，自帶樂視網已有的全部版權

內容，還可以看體育賽事和音樂會直播、玩體感遊戲、甚至購物。樂視超級電視和樂視盒子內置豐富華語內容庫，提供海量電影、電視劇、綜藝節目、體育賽事轉播等，且內容還每天都在更新增加。《羋月傳》、《太子妃升職記》、《翻譯官》等熱播劇目，影視、體育、直播內容版權和內容布局，將加速樂視視頻成為「全球第一華語在線視頻平台」，讓樂視超級電視和樂視盒子不僅成為高 CP 值的智能硬體，更是含有全球最強華語內容的智能終端（Intelligent Terminal）。而且這台電視機的價格卻遠低於市面上相同類型的傳統電視機。短短推出兩年內，樂視總共賣出了 300 萬台電視機。這樣的成功，甚至擊沉了一個行業——傳統的電視廠商。

在樂視電視這個產品上，電視只是生態鏈中的終端，硬體本身可以不需要賺錢，因為會費才是不斷盈利的來源。

樂視以「平台＋內容＋終端＋應用」營運模式，近年來成功改變電視機的定義，不會再有黃金時段收看既定節目的傳統，電視用戶可以隨時隨地收看喜歡的節目內容。不用再被動地去接收和觀看電視台提供的內容，而是能自主地選擇節目，能以視頻點播（Video on Demand）的方式選擇收看內容。

　　樂視軟硬體整合的能力，這是競爭對手難以複製的，從以往的經驗看，只做硬體和只做軟體的公司都活得不好。樂視的生態系統是「平台＋內容＋終端＋應用」的模式，其他公司或許能模仿樂視的一兩個環節，但想完全複製整個生態系統是不可能的。

　　這也正是競爭對手難以複製的商業模式。樂視聯合創辦人劉弘認為長影片版權的出口，最佳選擇不是手機、PC，而是電視，所以，雖然手機和電腦的運用這些年的成長要遠遠超出電視，電視甚至被認為是越來越不受待見的產品，不過電視由於螢幕大，尤其適合家庭共享，作為電視劇、電影、體育比賽等長影片的播放平台有其他螢幕不具備的優勢。所以，樂視不甘於僅僅做一個影片網站。樂視網的領導者認為：「只有做電視才能把樂視的內容、服務更好地整合在一起。」

　　樂視網進軍電視製造業恰恰印證了一點：在當下互聯網迅速發展的條件下，成功者往往是跨界者，跨界者對產業鏈進行垂直整合，能夠將產業鏈各環節緊密結合，塑造成功。

顛覆——進行顛覆式創新

> 未來是難以置信的，必須要經常相信不可能，屬於二十年後最偉大的產品還沒有被發現，所以還為時未晚。
>
> ——美國連線雜誌創始主編　凱文‧凱利

「互聯網＋」的時代，是一個顛覆與創新的時代，需要你用跨界的思維，突破傳統的慣性思維，超越傳統的經營理念和商業模式，從而在這個時代創造出彎道超車的機會。如果背負著過去成功的包袱，就註定會被淘汰。

過去十年，中國的互聯網企業一直在向美國學習，例如，美國有雅虎，中國有新浪；美國有 Google，中國有百度；美國有亞馬遜，中國有當當網、京東；美國有 PayPal，中國有支付寶；美國有 Expedia，中國有攜程。可以說，在互聯網改變世界的電商 1.0 時代，中國企業實現的是 C2C（Copy to China，中國複製）。

然而，隨著近幾年行動網路的迅猛發展，傳統的世界被不斷「顛覆」。在電商 2.0 時代，中國創新已經走在全球最前端。如今，從上網人數、行動網路用戶數、網購金額等各方面資料來看，中國都遠遠超過美國。中國的企業也在趕超，比如在美國被 Facebook 以 197 億美元收購的 Whats APP，其在全球擁有 5 億用戶群，而中國騰訊微信的註冊用戶已經突破 6 億，而且在功能與體驗上超越了國外對手。微信的應用正在顛覆傳統的電信行業；規模超過 5700 億元的餘額寶，撼動了傳統銀

行業的壟斷利潤……等等。

在這個變革中，很多企業將受到極大的衝擊，甚至被淘汰。十年前，戴爾還被所有教科書視為經典案例，諾基亞和黑莓也被視為科技創新的代言人，但現在戴爾已經退出世界五百強，諾基亞和黑莓紛紛被收購，前途未卜。

蘇寧電器在南京起步時曾被十大商場圍剿，那時候，家電與 IT 行業還是分銷，蘇寧的創新做成了中國最大的連鎖，「革」了分銷的命。沒想到只過了五年，它就已被電商模式的京東打得措手不及，連鎖模式再次被打破。

在這個時代，對於一個企業，重要的就是產品創新和模式創新，這兩者缺一不可。一旦創新跟不上，就會被時代所淘汰。傳統企業容易背上過去成功的包袱，從而飛不起來，如聯想的成功是因為全國上萬家 1＋1 專賣店、80 個分銷商和 5000 家零售商，而如今，如此龐大的體系已經成為巨大的包袱，讓它難以轉身。

2013 年互聯網領域最沸騰的一件事，是互聯網企業樂視 TV 推出超級電視，顛覆了整個傳統電視行業，讓智能電視概念在短短幾個月內深入人心，為電視廠家帶來了新的思路和發展。

樂視一直以來就走在創新的道路上。樂視首開收費和免費同步的視頻網站先河；豐富優質的影視劇版權庫和自製內容；推出樂視 TV 超級電視及樂視盒子……樂視 TV 顛覆式創新並非單純靠技術，更多的是用戶體驗和商業模式。其心態上敢於從用戶立場考慮問題，想辦法給客戶提供與眾不同的服務，為用戶創造更大價值的觀看體驗和遊戲新玩法，就為自己創造了顛覆巨頭的機會。

其實，互聯網發展史已經證明，自網路誕生之日起，不折不扣就是對傳統產業的顛覆，在「互聯網＋」時代，互聯網不僅不會停下替代和

顛覆的步伐，反倒會進一步加快替代和顛覆的節奏。所以，要在「互聯網＋」時代生存下來，就必須要有顛覆式的創新。

對於未來，很多傳統企業要打破傳統模式，進行顛覆式的創新，這種「顛覆式」的創新，也就是去傳統中間化、中心化，建立新的中心化，建立產業新生態系統。

過去，傳統環境中有很多高門檻的過程，我們要打破過去的傳統，繞過中間的部分，直接到達使用者。破壞過去中間的部分、中心化的部分，同時再造一個新中心，也就是建一個新的中心化，這就是構造整個產業鏈的生態系統。企業家不要停留在網路上做行銷的層面，也不要停留在傳播層面，而要停留在再造，向進行破壞式創新的階段走，再造自己新的生態系統。

互聯網最大的好處，就是可以讓整個產業越來越集中化，打破過去傳統的銷售結構、交易結構和過去的門檻，而重新構造推動整個產業新的集中。

互聯網的「馬太效應」在今天的 PC 端包括行動端同樣會存在，大者更大，強者更強。

顛覆式創新並不會因為傳統的、大型的企業步伐緩慢而停止如期而至的步伐。行動經濟浪潮來臨的時候，衝擊的不僅僅是商業模式，其所帶來的顛覆式創新，將對戰略管理、管理體系、組織結構、人力資源、供應鏈系統等領域產生浪潮式衝擊。

轉型──轉型升級必不可少

在經濟發展已進入了「新常態」，實體企業也處於轉型升級的關鍵時期，挑戰和機遇並存。企業既面臨訂單減少、成長下滑、人力資源成本上升、融資難、融資貴和轉型升級困難大等挑戰，也存在著改革紅利不斷釋放，政策環境不斷優化等機遇，隨著工業化、資訊化、城鎮化和農業現代化的同步發展，市場空間更加廣闊，個性化、多樣化的消費成為發展趨勢，加之新技術、新商業模式的不斷湧現，創新的途徑更加多元化。

網路和傳統企業的融合將是時下經濟新一輪發展的一個重要成長點。在「互聯網＋」背景下，實體企業擁抱這種變化，打好轉型升級之戰已經是必走的路徑。為此，我們的企業需要在以下幾方面進行轉型升級。

思維觀念要轉型升級

從根本上說，每個行業的市場結構都取決於獲取資訊的能力，由於網路的關係每個行業的價值鏈都將被重構和改變，所以幾乎所有行業都要根據目前網路的發展趨勢重新思考。而與此同時，隨著資訊技術的飛速發展，人類社會正從 IT 時代加速向 DT 時代邁進。我們可以在互聯網

技術的基礎上，利用大數據技術挖掘使用者屬性資料、消費行為資料、社交資料、地理位置資料等海量資料，來分析消費者的顯性需求和潛在需求，從而更好地進行價值組合和價值創造。而資料量的暴漲又給我們帶來了巨大的挑戰和機遇，必然改變著人們的生活與工作方式、企業的運作模式和商業模式。

因此，在日新月異的網路大數據時代，觀念的轉型升級才是成功的起點。自己不懂技術不重要，因為數位溝通不在於技術，而在於「思想觀念」。

轉型升級就是要把腦袋升級，只有腦袋實現真正的升級，我們才能思考如何利用互聯網的技術、思想理念與傳統行業進行嫁接、交融。

生產方式要轉型升級

隨著傳統產業的價值鏈被重構，傳統的生產方式也必然要跟著變革。目前，互聯網在製造業的應用多是在行銷環節、售後服務和採購環節，如 B2C 和 B2B 模式，預計不遠的未來將在生產製造環節帶來顛覆性的創新和全新的生產方式，即 C2B 的模式，也就是真正體現所謂的互聯網思維——以使用者導向，從消費者出發，重新挖掘消費者的多元化、分散化需求，由消費者的興趣愛好來驅動設計生產，以此重組核心技術的模式。

這種模式的特點為集中批量採購、集中幹線物流，提前整合行銷，加快資金周轉，降低倉儲佔用，降低庫存風險，從而使成本下降。同時，再通過採用 3D 列印和工業機器人來實現柔性定製，使集中生產的工廠模式受到衝擊，而工業機器人的大量存在，可以減少人力使用。與現行的大規模、批量化生產相對應，這些將確保 C2B 模式下的多批次、小產量的生產狀態產業仍有獲利能力，確保工藝流程的靈活性和資源利用率，

從而能夠提供更加個性化、多樣性、高品質和人性化的產品。

行銷方式要轉型升級

傳統的行銷模式是基於物流所產生的資訊流,是一種產品從企業到經銷商,經銷商交給消費者的單向模式。現在,產品銷售去向的趨勢主要是互聯網對零售人流進行攔截。當 80 後、90 後已然成為社會的消費主力,而他們又高度依賴網路時,企業、經銷商就可以直接通過網路來與消費者進行雙向的互動,未來的絕大部分交易將直接在網上進行。但這不是意味著所發展的僅僅是電子商務,因為網路行銷只是一種重要的輔助手段,並不能完全取代實體店,而真正的產品更多是需要消費者去親身體驗的。

在互聯網時代,資訊不對稱的鴻溝正在加速消失,導致品牌的塑造之道也要做相應的變化。在品牌弱化的時代,消費者主要關注的是產品的性價比。我們現在走定製之路,就是要嘗試利用雲商模式來試圖找到一種嶄新的商業模式,從而抓住消費者的消費本質,創造需求引導消費者,而非單純地滿足和迎合。因此,最終目的就是打造一個 O2O 閉環商業生態圈(是指在整個的商務鏈條中,每個環節之間都有一種環環緊扣、同時又互相促進的聯繫。能夠將各個商業環節打通,從而形成一個良性迴圈,也就是說閉環完成得越多,意味著它的業務線越完整,商業壁壘越高。)從而使企業可以更好地為消費者創造價值。

組織架構要轉型升級

舊的商業模式看重勞動、資本、分工等方面,而當大數據取代勞動和資本成為新的生產要素,整個資訊生產力的形成會帶來生產關係的變革,以往的組織架構必然要向著扁平化的方向發展。

小米的組織是完全扁平化的，七位合夥人各管一攤，形成一個自主經濟體。小米的組織架構基本上就是三級，核心創始人——部門領導——員工，一竿子插到底的執行。他不會讓團隊過大，團隊一旦達到一定規模了就一定要拆分，變成項目制。從這一點來講，小米內部完全是啟動的，一切圍繞市場、圍繞客戶價值，大家進行自動協同，然後承擔各自的任務和責任。

　　在小米，除了七位創始人有職位，其他人沒有職位，都是工程師。所以在這種扁平化的組織架構下，你不需要去考慮如何升職這樣的雜事，一心撲在設計上就可以了。

　　因為組織扁平化，在管理上就能做到極簡化。雷軍說，小米從來沒有打卡制度，沒有考核制度，只強調員工自我驅動，強調要把別人的事當自己的事，強化責任感。大家是在產品信仰下去做事，而不是靠管理產生效率。管理要簡單，要少管，少製造管理行為才能把事情做到極致、才能快。除了每週一的例會，小米很少開會，公司成立多年，合夥人只開過幾次集體大會。小米的領導者認為，互聯網時代要貼近客戶、要走進客戶的心裡，企業就必須縮短跟消費者之間的距離，要和消費者融合到一起。只有融合到一起才能跟消費者互動，才能把消費者變為小米產品的推動者，變成小米的產品設計研發人才。要實現這些就要實現組織扁平化，組織要儘量簡化。這就是互聯網時代很重要的一個理念，即簡約、速度、極致。

第八章

「互聯網＋」
的新業態、新機會

互聯網＋製造業：
海爾打造新生態系統

在互聯網時代，傳統的管理模式都不奏效了，現在必須去打造新的管理模式。這是機遇，也是挑戰。

——知名品牌海爾的執行長與創辦人　張瑞敏

　　在十幾年前，家電產業還是由傳統產業佔據主導地位，消費者的購買方式也是透過本地賣場購買，在賣場付錢之後，企業安排送貨、上門安裝……但是網路興起之後，一切都發生了翻天覆地的變化，電子商務深入人們生活，以小米、樂視為首的互聯網企業，更是搶佔傳統企業地盤，強勢挺進家電行業，抓住用戶的心理，推出擁有極高 CP 值的家電產品，並透過網路銷售，取得非常不錯的成績，成為傳統家電製造企業的強勁對手。

　　家電製造業遇到的挑戰，正是網路企業「跨界」經營帶給傳統企業的衝擊。於是，企業不得不研究為何突然間多了這樣一個對手，並慢慢地學習他們的「互聯網模式」，開始升級、轉型。

　　海爾是中國家電龍頭，其在「傳統產業網路化」的運動中一馬當先，所以對於「互聯網＋」的實踐，海爾更是走在同業的前面。

　　2015 年 1 月 8 日，海爾董事局主席、首席執行官張瑞敏做了一篇題為《海爾互聯網模式的九年探索》的演講，向外界講述了海爾正在發生的變革。

　　面對不斷變革的時代，海爾從來沒有視而不見、無動於衷。

- 2000 年，網路的發展正處於 PC 網路階段，當時張瑞敏就發表文章《新經濟之我見》，向所有海爾高管表示「不觸網就死」。
- 2005 年，海爾提出了「人單合一雙贏」模式，發起了 1000 天流程再造。
- 2012 年 12 月 26 日，海爾正式宣佈實施網路化戰略轉型。

可以說，海爾對互聯網模式的探索從來沒有停止過，海爾的「互聯網＋」實踐也不是一蹴而成的。

 ## 組織顛覆

面對網路帶來的變化，海爾集團 CEO 張瑞敏一直強調：「我們每天都在自殺……自殺重生，他殺淘汰」。「為了適應商業模式的變革，企業必須做兩大方面的改變：一是戰略，二是組織結構。我們的戰略一定要變成人單合一，企業變成一個創業平台，部門和組織變成自組織。」

海爾轉型的目標，就是要從原來製造產品的加速器變成孵化創客的加速器，企業原來為了規模，產品做得越多、做得越快、做得越有競爭力越好，現在要變成孵化創客。簡單地說，企業要從原來的產品製造者變成「創客製造者」。

海爾創建了兩個平台：一個是投資驅動平台，一個是用戶付薪平台。所謂投資驅動平台是指，把企業從管控型組織變成一個投資平台，不再有各種部門和事業部，通通都要變成創業團隊，公司與這些團隊只是股東和創業者的關係。以前的組織架構是一個正三角形，是馬克斯韋伯提出來的科層制，如下頁圖所示。

層制組織的特點如下所示,其要求所有人都貫徹到位,員工處在不同崗位、不同職位,薪酬往往與職級相關,可以說,他們遠離用戶,所以並不關心用戶的需求。

① 內部分工,且每一成員的權力和責任都有明確規定。

② 職位分等,下級接受上級指揮。

③ 組織成員都具備各專業技術資格而被選中。

④ 管理人員是專職的公職人員,而不是該企業的所有者。

⑤ 組織內部有嚴格的規定、紀律,並毫無例外地普遍適用。

⑥ 組織內部排除私人感情,成員間的關係只是工作關係。

但是,在網路時代,用戶個性化、市場碎片化,整齊劃一的組織一定會被顛覆。所以,海爾的整個組織,從一個正三角、金字塔型變成了一個扁平化的結構。之前,「正三角」裡充滿了各種層級,現在變成一個個創業團隊。

這樣一來,海爾就變成了一個生態圈,從過去的上下級關係變成了投資人與創業者的關係。當然,企業的角色和普通的投資者還不一樣,企業一來要負責戰略方向正確,二來要有一個平台,驅動員工在正確的道路上前進。過去的職能部門,人力、財務、戰略、資訊等就構成了服

務平台，已經做好的創業小微可以在該平台上面購買服務。因此，員工原來都是由企業發薪，現在則沒有（傳統意義上的）上下級了，企業的上級、員工的上級都是用戶，也就是說，給用戶創造了價值，就有薪資；沒有為用戶創造價值，就沒有薪資。

正如張瑞敏所說：「網路時代的商業模式只有一條：能不能使你的生態系統中各方都受益。過去，傳統企業只考慮自己的利益最大化，每個企業都在壓榨上游，然後生產出產品，再憑藉強勢的宣傳把它賣出去，所有企業都沒有用戶，只有顧客。這是一個很封閉的系統，但現在，封閉是賺不到錢的，你必須和各方面資源融合，融合的中心是用戶。」

海爾在「互聯網＋」的道路上進行了組織結構的顛覆，從組織形態上保證了互聯網轉型的順利展開。海爾把企業從原來封閉型組織變成開放的生態圈，把研發、製造、銷售等流程由串聯變為並聯，在開放平台上成立小微公司，讓員工直上市場，滿足用戶的個性化需求，這正是互聯網思維的最佳展現。

強大的用戶基因

在網路時代，人人共知的一條生存法則就是：得用戶者得天下。

三十多年來，海爾的每一次變革，無一不是從「用戶」的出發點來思考的。「以用戶為核心」已經成為海爾的強大基因，這個基因讓海爾在實現「互聯網＋」落地的過程中優勢更加明顯。

在海爾總部，如今躍入視野頻率最高的字眼就是「用戶」兩個字，從海爾文化展覽館到中心大樓，與「用戶」有關的標語比比皆是：「我的用戶我創造」、「用戶的利益高於一切」、「沒有用戶的參與就沒有用戶的購買」。

在網路時代下，如果企業仍然把顧客叫作「消費者」，那麼，這個

企業的思維肯定還停留在傳統經濟時代。海爾曾經是家電製造商，基於用戶需求的連貫性，企業未來的戰略是：成為整體家居解決方案提供者，產品和服務組合將延伸到智慧家居和家裝服務。此外，海爾的新型專案已經完全採取用戶參與開發的做法，例如空氣盒子的外觀設計是由用戶投票決定的，每一步反覆運算也都基於規模不等的試用和回饋。其操作手法與典型的網路產品並無二致。

為了能傾聽用戶的聲音，海爾還從企業的呼叫中心入手，打造連接企業的平台。毫無疑問，呼叫中心是離用戶最近的前沿陣地，海爾選擇了海外的優秀團隊來幫助其改造和升級呼叫中心，從傳統呼叫中心轉型到用戶交互體驗中心，徹底打破了用戶和企業的角色轉換，打通了用戶和企業、用戶和用戶的互動平台，打穿了海爾內部的生產、研發、物流、銷售等部門的隔離牆。

舉個簡單的例子，用戶可以通過微博、微信或語音、圖片、圖像等各種形式反饋關於海爾產品或服務的意見，這些資訊都會被抓取並整合到海爾的多媒體互動平台上，能夠即時抓取和收集資料，海爾多媒體平台的系統會將這些資訊通過大數據進行處理整合，根據不同的分析結果傳遞到不同的部門，各部門會根據使用者的要求或者建議改進產品。

這個平台改善了原來呼叫中心的很多弊端，實現了多媒體的互動交流，改變了原來使用者只能通過電話單一的形式反饋意見，讓用戶和企業可以即時溝通，反饋更加及時、準確。

電商之路

海爾旗下有一家國內最大的網上家居商城，就是日日順，其成立於2000年，主要從事海爾及其他家電產品的通路綜合服務業務。日日順的定位是：網路時代引領用戶體驗的開放性平台，其核心業務包括日日順

通路、日日順物流、日日順服務、日日順其他輔助通路業務，透過在全國三四級市場建立通路分銷網點，成為中國三四級市場領先通路綜合服務商。2012 年，日日順的營業收入已經超過 500 億元；2013 年其品牌價值入圍第 19 屆中國最有價值品牌榜，成為首個品牌價值超百億的物聯網品牌；同年 12 月 9 日，阿里巴巴集團宣佈對海爾進行總額為 28.22 億元港幣（約合人民幣 22.13 億元）的投資，重點扶持海爾旗下的日日順物流。

日日順的成長和發展恰恰是海爾互聯網發展戰略的成功體現，當下，電商物流更多地集中在中小件產品配送上，對於家電、傢俱等大件產品仍需由廠商自主負責配送安裝。而海爾經營家電多年，累積了非常龐大的大件商品配送隊伍，全國近三千個區縣實現無縫覆蓋，甚至支援鄉鎮村送貨上門、送裝一體。在大件商品配送上，海爾的優勢非常明顯，這也是日日順的發展優勢所在。

海爾的「日日順」就是一個整合了銷售、物流、安裝、售後等幾大服務業務的一個平台，從用戶決定要買海爾電器的那一刻開始，就開始

享受著海爾日日順的服務。日日順商城為消費者提供家電、家居、家裝、家飾一站式購物，並提供家居設計、互動體驗、產品定製、交易、物流、安裝服務的一站式家居解決方案，這給即將入住新居的用戶帶來了極大的方便，他們要購買整套電器就可以直接選擇日日順一家即可。

如今，日日順已經成為國內首個價值超百億的物聯網品牌，領先的品牌影響得益於領先的商業模式。在互聯網戰略的佈局中，日日順正是海爾「人單合一」雙贏模式的體現，其不但滿足了用戶需求、搭建使用者全流程最佳體驗，海爾還以此在互聯網轉型中寫下了成功的一筆。

雖然基於互聯網做的一些變革和轉型在海爾已經初見成效，並且領先於同行，但是海爾 CEO 張瑞敏也表示：「過去海爾雖然也經歷過多次變革，但是這次完全不一樣。過去變化有路標，可以學習美國和日本企業的經驗，但是這次恰恰沒有路標。那些用互聯網技術發展起來的企業，組織結構在某種程度上也是因循傳統企業的管理經驗做的，我們不能對照騰訊、阿里、小米來套出海爾應該做什麼平台。」

「我對互聯網的理解，不是企業要成為互聯網，企業只不過是互聯網無數結點中的一個。如果企業將自己定位成互聯網結點，那麼你必須開放。就像人腦子裡有 1000 億個神經元，每個神經元都是愚蠢的，但是連在一起就非常聰明。」

互聯網＋醫療：
百年老店沃爾格林的 O2O 之路

能便捷就醫真的已經成為當下醫療保健行業的一個主要要求。
──沃爾格林的首席醫療官　*Harry Leider* 博士

　　現在去醫院看診時，直接利用手機上的 APP 就可以知道目前醫生已經看到幾號了，讓就醫的便利性提升許多，另外，市面上多了許多能夠促進自主健康管理的電子產品，讓使用者能夠了解自己的身體狀況，也能將這些記錄提供給醫師參考，有利於醫生的診斷……這是目前一般人對互聯網醫療發展的了解。

　　當互聯網迅速變革各行各業的時候，傳統醫院該如何應對，找到屬於自己的位置呢？

　　互聯網的本質是連接，我們首先想到的就是連接病患與醫生，連接病患與服務。互聯網醫療更強調業務的協同，導診、掛號、檢查、手術、用藥等患者服務，在互聯網＋醫院時代都需要各方面合作起來。

　　進入網路時代，原本掛號、取檢驗單、報告單這些只能在醫院裡面以紙質形式進行的環節都可以移動到微信、支付寶、APP 上，還可以進行預約、導診、服務提醒等。未來當病患可以與醫生透過網路連接後，醫療服務又能向前邁進一步，簡單的醫療諮詢、導診、預防疾病管理、健康管理等都能在線上進行。此外，人工智慧、機器人也正朝著醫療領域切入。而行動裝置和醫療 APP 結合雲端服務大數據分析，可讓行動裝置變成行動醫生，關鍵就在於智慧穿戴和手機結合，只要把左右一根手

指放在感應器兩端，75 秒就能立刻測出心電圖和自律神經狀態。

互聯網醫療，在以美國為首的先進國家已經比較成熟，隨著智慧手機與平板電腦的流行，台灣目前行動醫療 APP 市場，以運動健身、卡路里計算、飲食管理以及女性生理週期等應用為競爭紅海，雖然大多以免費為主，但部分已逐漸衍生出可營利之服務模式，例如運動健身 APP 提供收費的健身訓練表，卡路里計算除了提供紀錄功能外，也搭配收費瘦身食譜或運動建議等，以增加持續性的收益。目前已有越來越多的醫療 APP 佔據市場，而已開發的醫療相關 APP 有哪些呢？具代表性的有：

★ 醫療服務：一般常見功能有查詢快速掛號、查詢醫師門診時間、查詢目前看診進度。例如，馬偕醫院、振興醫院……，讓患者透過智慧型手機讓就醫變得更便利。

★ 以健康教育和信息為主的 39 健康網。

★ 以即時在線諮詢為主的中國大陸的「春雨醫生」已超過九千萬人使用。

★ 以醫師評價和掛號為主的「好大夫在線」。

★ 以疾病風險評估為主的「宜康網」。

如果要問，美國最大的電商是誰？你一定回答是亞馬遜，但其實，沃爾格林（Walgreen Company，Walgreens）線上醫藥的交易額是大於亞馬遜整體交易額的。也就是說，美國最大的電商公司是沃爾格林，而不是亞馬遜。

由於政策監管和區域性保護等因素，當前並不存在足夠強大的線下或線上醫藥巨頭，但隨著監管政策的鬆綁和行動網路時代到來，

醫藥行業也必將面臨著變革與洗牌。

有人說，2014 年是「中國醫藥 O2O 發展的風口之年」，網路巨頭紛紛進軍醫藥 O2O，更出現了集中井噴式的行動醫療創業和融資大潮。

2014 年 1 月，阿里巴巴集團正式宣佈斥資 13 億元入主醫藥電商中信 21 世紀有限公司。

2014 年 8 月，1 號店獲得中國國家食品藥品監督總局核準，成為首家獲得該資格的綜合電商企業。

2014 年 12 月，京東商城再次獲得了中國國家食品藥品監督管理總局頒發的互聯網藥品交易服務 A 證資質。

雖然中國醫藥平台電商的三足鼎立之勢已經初顯，並持續被業界和資本市場看好，但仍未形成成熟的商業模式。

無獨有偶的，也就是在 2014 年 12 月 31 日這天，沃爾格林公司（Walgreens）宣佈，其已完成了與歐洲最大藥品分銷商聯合博姿的合併，公司名稱改為沃爾格林聯合博姿集團。所以，我們在此對沃爾格林的 O2O 轉型做一具體分析作為相關產業的參考與啟發。

百年老店重視線上發展

1901 年，沃爾格林從芝加哥一個家庭式的小店開始，經歷了百年滄桑，如今已經發展成為世界上最大的食品和藥品零售企業之一。目前，沃爾格林擁有八千多家連鎖藥店，是美國最大的連鎖藥局。

沃爾格林是世界企業史上的一個傳奇，一個世紀以來，在其他許多知名的競爭對手紛紛落馬之時，沃爾格林不斷蓬勃發展，創造了連續一百多年的贏利神話，它的業績甚至超過了英特爾、通用電氣、可口可樂和默克公司等世界著名企業，它也憑著自己傲人的業績頻頻登上《財富》雜誌「最佳業績與最受推崇的企業」排行榜。

雖然是一家百年老店，但沃爾格林的線上發展歷程卻從 1981 年就開始了。1981 年，透過人造衛星技術，沃爾格林將旗下所有藥店進行聯網，達到資訊共用。

1999 年，Walgreens.com 作為沃爾格林的一個全新的、服務完善的電子商務平台開始營運，它提供給客戶更方便和更隱秘的購買藥品和健康護理產品。那個時候，顧客就可以在網上下訂單，到實體店取貨。另外，網站還為所有客戶帶來梅奧診所健康服務中心（著名私立非營利性醫療機構，是世界最具影響力和代表世界最高醫療水準的醫療機構之一）所提供的健康護理資訊。

2007 年，沃爾格林為公司位於安德森市的配送中心安裝了一套 RFID 系統。RFID 系統即無線射頻識別系統（Radio Frequency Identification，特性為大型條碼，可儲存資料量大；長距離無線；可讀可寫。），是一種非接觸式的自動識別技術，它通過射頻信號自動識別目標物件，可快速地進行物品追蹤和資料交換。

2009 年，沃爾格林對公司網站進行全面升級，重啟 Walgreens.com，為使用者提供各種新的健康生活和產品資源，擴大尚未簡化的購物工具和服務。

2010 年，沃爾格林開始用手機 APP 來掃描處方箋，到了 2011 年，手機 APP 的使用量獲得了將近五倍成長。

2011 年，沃爾格林以 4.29 億美元收購線上零售商 Drugstore.com，這次收購為沃爾格林提供了超過 300 萬次的訪問量，從而全面改善其多通路產品線以及客戶體驗。

2012 年 3 月，沃爾格林與美國社交定位網站 Foursquare 達成合作協定，推出了一項新的手機優惠券項目。顧客可以透過 Foursquare 在任何一家 Walgreens 當地門店「簽到」，手機就會接收到一張獨有的可

掃描優惠券，在門店即可兌換。同年 4 月，沃爾格林與一家名為 Share-Care 的線上健康管理諮詢服務提供者合作推出號稱「最大的藥品、營養品及健康產品的線上可搜索資料庫」。

2014 年 12 月 9 日，沃爾格林公司還推出自有品牌可穿戴設備，集成了健康監控、店內增強現實產品定位器。

成功的 APP 入口

作為數量上占絕對優勢的美國第一大連鎖藥店，沃爾格林一直透過各種移動化的方式有效利用已有的顧客資源，打通線上線下通路，讓自己成為顧客的資料流程量入口。

沃爾格林是把移動工具運用到服務客戶上的先行者。早在 2010 年 11 月，沃爾格林就開始用手機軟體來掃描處方箋，到了 2011 年，APP 應用軟體的使用量獲得了將近五倍成長。據統計，掃描處方的處理數量占所有線上處方處理量的 40% 以上，沃爾格林公司方面表示，其產生的交易量比起其他的行動應用程式都要多，在投放當年就獲得將近三萬次下載量。

沃爾格林的 APP 也是當今美國最成功的幾個 APP 之一，因為有足夠多的用戶數和較強的用戶黏度，所以，沃爾格林使得許多行動網路公司都紛紛向它拋出橄欖枝。那麼，沃爾格林的 APP 為什麼大受人們喜愛呢？其主要有哪些功能呢？

1. 處方藥管理

沃爾格林的 APP 支援 iOS 和安卓系統，顧客在處方藥快吃完的時候，APP 會提前通知你，然後用 APP 掃描藥瓶上的條碼，你就可以通知沃爾格林為你續方，在處方藥調配好之後，它會提醒你來藥局櫃檯取藥，你還可以向藥劑師諮詢用藥。

沃爾格林其他的手機應用還包括 PillReminder 以及 Transfer by Scan 計畫，這兩個專案都是為了幫助顧客更有效地管理其處方需求以及培養更好的藥物依從性而開發的。iPhone 用戶安裝

Get the App
Search "Walgreens"
in the app store

Pill Reminder 之後，可以追溯其用藥日程，設定每小時或是每日的用藥提醒（也包括其他的定製化服務）。用戶在同一個提醒內可以同時加入多個處方、維他命或其他營養補給品療程。

安裝 Transfer by Scan 應用後，Walgreens 的顧客可以經由這項應用將自己的處方從其他藥房轉至 Walgreens。顧客只需要拍攝其處方藥瓶的照片，連同個人資訊（名字、生日以及電話號碼）一起發送給 Walgreens，一鍵即可完成傳輸。

2. 遠端醫療

幾年前，沃爾格林就已經開始在其藥店內開設診所，從而涉足全科醫生領域，以擴大其所能提供的醫療保健產品與服務的疆界。2014 年，沃爾格林正在測試一款讓患者在家就可以看醫生、拿處方的新行動 APP，該 APP 在智慧手機和平板電腦均可使用。而且，透過這個 APP，加州和密西根兩個州的患者可以 24 小時聯繫到醫生。

這種方便的遠端就診，費用並不貴，只要 49 美元，醫生就可以診斷和治療那些不需要看急診或不需要查體的病症，如急性結膜炎或支氣管炎等。

同樣地，在這兩個州取得行醫執照的醫生也可開具藥方。

這並不是沃爾格林首次涉足遠端醫療，之前，其還推出了一款叫做

「藥房聊天（Pharmacy Chat）」的功能 APP，可以讓用戶與藥房工作人員進行 7 天 ×24 小時的交流與溝通。

沃爾格林的首席醫療官 Harry Leider 博士說：「能便捷就醫真的已經成為當下醫療保健行業的一個主要要求。」他認為，遠端醫療服務會有助於強化客戶對其品牌的忠誠度。

🔁 3. 聯手打造閉環資料

2015 年 1 月，高通生命與沃爾格林進行合作，其 2net 平台有插在電源上的小硬體和智慧手機 APP 兩種，它可以將監測設備產生的資料加密傳給協力廠商的醫院、保險公司或其他接收方。其主要用於居家，應用場景有兩種：一種是病患出院後回家治療的過渡期護理；另一種是慢性病或疑難病日常護理。

兩者合作後，使用者可以將資料上傳到沃爾格林的 APP，結合運動、服藥依從性等行為記錄、藥理病歷等資訊，未來可期進行個體化全方位的資料匯總和分析。

WebMD 是美國最大的醫療健康服務網站，也是醫療 IT 服務的供應商，提供醫療資訊、藥品查詢、本地醫生檢索、急救指南、症狀推理、實驗室指標分析等服務。醫景正是 WebMD 旗下的一個網站，每天有 6600 萬個訪問用戶，沃爾格林每天有約 800 萬用戶，透過兩者交叉合作，沃爾格林和 WebMD 都能獲得更廣泛的客戶群：線下，沃爾格林在實體店建立了和線上對應的數位健康顧問中心，主要針對戒煙、

控制體重、營養、運動和情緒健康等專案服務；線上，醫景用戶可以諮詢沃爾格林線上健康專家。如此一來，無論是沃爾格林，還是醫景，都充分利用了個性化的使用者資料，為使用者提供更好的服務。

可以說，沃爾格林的 APP 真正地將實體店、網路和手機三種通路統一起來，打破傳統購物在時間和空間上的限制，讓這家百年傳統老店在互聯網時代實現華麗的轉身。

沃爾格林 APP 戰略的成功在於，它清楚地明白它的顧客不僅僅是傳統的零售顧客，更是「患者」，只要抓住「患者」的需求，那才是成功的核心。也就是說，買藥只是最淺層需求，其核心訴求是未病時採取更好的生活習慣避免生病，得病後儘快治好，而對於慢性疾病要避免病情惡化。沃爾格林正是根據這些訴求，才開發了「服藥提示」、「購買提示」、「醫藥溝通」等服務項目，可以說每一個都是針對於消費者的痛點來設計的。「互聯網＋醫療」的發展方向──消滅醫療痛點，而痛點意味著機會。

沃爾格林追求的是──一名顧客走進沃爾格林藥店，拿著一張處方來購買抗生素或止痛藥，但是藥師所做的不是簡單地提供他所需要的藥品，而是與顧客進行面對面的交流，弄清楚他來買藥是因為他弄傷了自己的腳踝。這樣，沃爾格林就有可能向顧客推薦更多他需要的產品及服務。這樣的交流不僅將幫助藥店找到更多的盈利機會，還將徹底改變原有的藥店經營模式──不再以產品或銷售為導向，而是真正地以服務為導向。

互聯網＋食品：
電商典範──三隻松鼠

互聯網思維的核心是高度關注消費者。

──三隻松鼠創始人　章燎原

　　三隻松鼠創始人章燎原說：「互聯網的發展是對社會整體資源進行一次重新分配的過程，這個結果是更低的成本、更高的效率，在堅果產業也不例外。」

　　安徽三隻松鼠電子商務有限公司成立於 2012 年，是一家以堅果、乾果、茶葉等食品的研發、分裝及網路銷售自有品牌的現代化 B2C 新型企業，先後獲得 IDG 的 150 萬美金 A 輪天使投資和今日資本的 600 萬美元 B 輪投資，其發展速度之快創造了中國電子商務歷史上的一個奇蹟。

　　2012 年，天貓雙十一促銷中，成立剛剛四個多月的「三隻松鼠」當日成交近 800 萬元，一舉奪得堅果零食類的銷售冠軍寶座。

　　2013 年，三隻松鼠的堅果銷售額超過 3 億人民幣，成為一家實力雄厚的網路電商食品領導品牌。

　　2014 年「雙十一」，其在天貓的銷售額再次不出意外地刷新紀錄時，當天，在安徽蕪湖，也有一個電商為日銷售量首度破億而歡呼，這也刷新了中國電商食品銷售紀錄，那就是「三隻松鼠」。

　　在 2015 年 1 月起為期 45 天的年貨旺季中，「三隻松鼠」毫無意外地斬獲 7.3 億元銷售額，超過同行後 9 名之總和。

　　成立短短三年，其銷售突破 10 億人民幣，團隊從 7 人到 1500 人，

「三隻松鼠」是如何做到的？若在以前，這或許不可思議，但當「互聯網＋」已成為年度熱詞時，就不叫人意外了。三隻松鼠正是站在「互聯網＋」風口上順勢而為的創客。

如果沒有互聯網，「三隻松鼠」能做到今天的規模嗎？三隻松鼠創始人章燎原的答案是：絕不可能。

「松鼠老爹」章燎原曾在安徽一知名堅果品牌工作了十年，從營業員、店長一直做到行銷總監，在他手上，該品牌的銷售一度做得風生水起。瓶頸出現在 2011 年，是繼續乘勝追擊、擴大網上銷售，還是倚重傳統銷售通路，章燎原和他的東家發生了分歧，於是，相信網路的章燎原毅然選擇辭職創業，章燎原選擇的還是他熟悉的堅果行業。

章燎原的創業夢也被資本市場看好，創業之初就獲得美國 IDG 資本 150 萬美元的天使投資。

然後，三隻松鼠就開始堅持做「網路顧客體驗的第一品牌」和「只做線上銷售」。之所以如此，這是因為網路有巨大的直銷優勢，它價格可以降得更低，沒有了中間商、中間環節；產品更新鮮，以前廠家生產的產品先是被代理商放在倉庫裡，然後被二級代理商放到超市裡，最後才到顧客手上，這中間起碼耗時三個月，而透過網路直銷只要十幾天；產品品質更具穩定性，因為「三隻松鼠」可以即時和顧客溝通，把顧客意見整理成資料，及時改進。

站在互聯網的風口之上，三隻松鼠順勢而為，僅僅用三年時間就成為互聯網時代創業者的典範那麼，他們是如何做到的呢？

 把口碑行銷做到極致

　　在創始人章燎原看來，企業的行銷就是吸引新顧客、留住老顧客。有了第一批顧客才能形成口碑行銷，而吸引第一批顧客的關鍵就是商家首先要學會賣貨──透過打折和強力宣傳來吸引顧客。

　　賣貨的過程必須讓消費者滿意，消費者滿意了，他們才會自發地透過社群媒體進行評價、分享，成為三隻松鼠實際上的宣傳人員、代言人，從而影響其他顧客群體的購買決策。以前大家總說最好的行銷是口碑行銷，做 100 次廣告不如一個熟人推薦，但過去傳播力度不夠，口碑行銷很難真正實現。現在互聯網和社群媒體讓每一個消費者都成了一個傳播平台，三隻松鼠就有了把口碑行銷做到極致的基礎條件。

　　之所以要把口碑行銷做到極致，是因為在網路時代，用戶決定了一切。在沒有網路的以前，一名北京人想買安徽品牌的商品很難，只能去商場裡湊合著買別的。所以過去有句話叫「通路為王」，當超市裡某個品牌占了七成時，一個新品牌的品質再怎麼好也上不了貨架，因為通路已經被佔據了。但在互聯網時代，通路的威力大大減弱。天貓上幾百萬

個店鋪，誰都可以來開店，機會均等，沒有了中間通路，用戶就決定了一切。

在章燎原看來，互聯網的本質之一就是便宜。從工業革命到資訊革命，所有的改革，目的都是要提升效率，降低成本。在網店中，一天內一名客服可以接待幾百人，這是傳統企業所做不到的。網店採取的都是直銷模式，生產商直接對到消費者，去掉了通路利潤，這也是傳統企業沒有的優勢。跟超市比，三隻松鼠的價格便宜了 20%。三隻松鼠只需要這個毛利，未來就可以搶盡這個市場空間。做互聯網企業如果做不到比傳統通路便宜，口碑行銷也就無從談起。

除了占盡成本上的優勢之外，章燎原對口碑行銷的理解極具互聯網思維。例如，三隻松鼠創新性地使用了開箱器、果殼袋、濕紙巾，以至於稱呼顧客為主人，創造了簡單易記憶的品牌名字和萌意十足的動漫 Logo。在公司內部，「三隻松鼠」有一個規矩：每位新人都要起一個花名，以「鼠」或「松鼠」開頭，如負責外宣的張成，花名是「鼠三寶」，在環球人物雜誌記者的採訪中，章燎原一直叫他「三寶」，章燎原自己的花名則是「松鼠老爹」。可以說，三隻松鼠的每一個舉動都在用互聯網思維去引發用戶好評。

把用戶體驗做到極致

以前的傳統企業，幾乎沒有用戶體驗的概念。互聯網時代的用戶體驗，就是購物體驗超出預期，客戶會感動，就產生好感。基於此，三隻松鼠以用戶為出發點，在每個顧客的產品推薦方面融入了品牌文化，使顧客感受到一對一服務的體驗感，從而是把用戶體驗做到極致。

李路是 2013 年年底第一次接觸三隻松鼠的。收到貨物後，李路著實「吃了一驚」。「當時非常意外，可以說是驚喜。首先，它的包裝非

常精緻，每一袋堅果都用鋁箔袋和紙質包裝袋雙層包裹，裡面還附贈了橘色松鼠夾子、紙質果殼袋、濕紙巾、鑰匙環、新品花果茶和蜜餞的試吃包。此外，它還非常 Q 地在外包裝上設計了「鼠小弟」等松鼠卡通形象。」通過這些貼心的小細節，李路覺得「三隻松鼠」是一個有特色、有責任的企業。

2014 年春節，李路一共購買了 4000 人民幣的堅果禮盒送給親友。像李路這樣的顧客在三隻松鼠很多，他們之所以反覆回購，一個很重要的原因就是用戶體驗很棒，這也是三隻松鼠一直在做的。

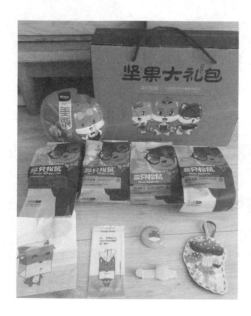 

三隻松鼠明白一點，那就是：產品品質要非常優秀，如果不好，顧客給你差評，品牌馬上就砸了。對於原料，三隻松鼠會給供應商制定要求和標準，供應商會成立松鼠工廠專門為三隻松鼠做定點生產，公司會派駐品管人員控制把關，檢驗合格後送到各分裝工廠，對其進行品質再次檢測。三隻松鼠擁有自己的檢測中心和可追溯系統，讓客戶能瞭解產

品在生長、生產、銷售、運輸的每一個環節，還會透過每天對一萬筆資料的分析，把消費者的意見回饋給供應商，從源頭來改善品質。

　　但東西好還不夠，更重要的是用戶體驗，其核心是情感行銷。想要在整個購物流程中讓顧客的心情更加愉悅，最好的辦法就是超越顧客期望，產品品質好是企業應該做的，但同時服務好、包裝好，包裹內還贈送果殼袋、濕紙巾⋯⋯這些才是超越顧客預期的。總之，網路時代的企業競爭力應該是系統性的，哪一部分都不能有短板，為此，三隻松鼠獨創了 OFS 用戶體驗。

★ 取料原產地：Origin

非原產地不選：松鼠家的原料均選自全球的原產地農場。

非好營養不選：松鼠家注重每種原料的健康、營養屬性。

非好口感不選：松鼠家相信好口感一定來自優質的原料。

★ 全程最新鮮：Fresh

溫度就是新鮮：松鼠家根據產品屬性在出廠前或是 0 度保鮮或是 26 度恒溫保鮮。

檢驗就是真理：松鼠家堅持三道檢驗：原料檢驗、過程品管、出廠檢驗。

環境就是安全：松鼠家建造超越 QS 標準的工廠現場環境，這些是安全的保證。

★ 極致優服務：Satisfaction

售前確定性：松鼠家堅持不斷優化網店佈局，使顧客快速地瞭解產品。

售中確定性：松鼠家的客服能夠隨時為您解決一切確定性的疑問和諮詢。

售後確定性：松鼠家相信售後服務才是銷售真正的開始。

要知道，食品行業不像高科技產業，Apple、小米可以一年半載推出一代新產品，但核桃不行，因為產品同質化程度很高。無論怎麼做，核桃還是核桃。

但是，消耗品有大數據的支援，這意味著，產品品質絕不僅僅是品質和科技含量。一種核桃好吃與否，並不能決定企業的生死，因為消費者也知道，你的品質不會比別家的好太多。那麼顧客看重的就是你的品牌和用戶體驗，所以企業必須把品牌的識別度作為一個最大的差異化內涵去經營。當你的品牌被顧客記住，那麼他們未來的選擇不會有任何被迫性。每次上網，他們就會直接點擊購買。這就是「粉絲」經濟的效果。在章燎原看來，「粉絲」是企業的一部分，能夠和企業同甘共苦，既是用戶，也是品牌維護員、服務監督者。

獲得大數據的支援

對於每一次提及大數據這個詞，章燎原都會非常激動。章燎原說：「相對於傳統模式更具顛覆性的是大數據，我們每天對來自顧客的幾萬條評價進行系統篩選，根據他們對產品及服務的回饋，做到即時的品質與服務改進，還可以藉由和顧客溝通分析得出他們的喜好，以提供更好的服務。」

三隻松鼠現在有 260 萬用戶，再兩、三年，就能達到 1000 萬。章燎原每天花費最多的時間，就是觀看消費者反饋的資料，並進行資料分析，以便馬上改進。而這些寶貴的資料，在傳統企業很難獲得，以至於他們在倒閉前都不知道自己到底錯在哪裡。

大數據還可以控制企業成本。就拿做廣告來說，傳統企業到電視臺做廣告，最多調查一下收視率；三隻松鼠做廣告，不但能知道多少人看過，還知道多少人因此到店裡來，花出的廣告費相應產生了多少利潤。

現在，三隻松鼠的即時銷售額每天都可以在大螢幕上看到，比如昨天賣了 200 萬元（人民幣），那麼今天早上三隻松鼠的管理層就能看到這 200 萬元的成本和利潤分配，有不合理的地方馬上改進。

為了捕捉消費者需求，三隻松鼠有一套基於網路技術的大數據系統。系統每天把顧客評價用關鍵字篩選出來，得出一些結論，哪些不好、哪些有待改善，然後傳送到相應的部門進行改進。例如，消費者說籽粒太小、口味不適合、椒鹽味太重……三隻松鼠就立刻抓取資訊，改進品質；如果消費者說物流發貨太慢，三隻松鼠就會調整快遞公司。

大數據對內部員工管理也有巨大影響。過去，決定一線員工工資的是企業高層，而現在是消費者。三隻松鼠每袋產品都有個 QR 碼，一掃就能查出從原料產地到收貨的三十個控制點，顧客的反饋會與這三十個點上的員工工資待遇對應起來。例如，顧客說袋子封口沒封好，三隻松鼠就能知道是哪一名工人封的，那該工人這個月的工資就會少一點。如果顧客說，這袋核桃的品質很差，三隻松鼠馬上能對應到這一袋核桃是哪一個質檢員檢驗的，進行處罰。反之，顧客說某位客服很好，那麼該客服的工資就高了。

值得一提的是，三隻松鼠的創始人章燎原並非出身自電商，2003 年起，他曾先後擔任安徽詹氏食品有限公司區域經理、行銷總監、總經理，2011 年還被評為安徽優秀職業經理人。就是這樣一個傳統行銷人士轉行做電商，短短三年，不但從無到有地重新塑造了一個品牌，還讓這個品牌——三隻松鼠在堅果行業內就做到全網第一，其中的原因除了我們以上分析的互聯網思維和互聯網行銷外，還有以下原因。

1. 強大的資金支撐

沒上線之前，憑著明確的品牌定位和發展策略，章燎原便成功地從中國最大的風險投資機構 IDG 那裡獲取了 150 萬美元的天使投資基金。

而後，隨著銷售額和產品的擴張，於 2013 年再獲今日資本 600 萬美元 B 輪投資，雄厚的資金讓創業才剛開始的「三隻松鼠」便擺脫了資金鏈的束縛。

2. 超強的團隊

三隻松鼠成立之初，創始人章燎原挖了很多人才，囊括電商的各個方面。這是三隻松鼠崛起的保證：再好的想法、戰略，沒有靠譜的人去執行，那就等於是白做工。三隻松鼠的團隊平均年齡只有 23.5 歲，章燎原創意性地提出了「年輕人管理年輕人」的思路，透過內部人才的培養，給企業累積了一批年輕的管理幹部。

3. 重視線上，也不忽視線下

創辦三隻松鼠之前，章燎原在安徽詹氏食品的工作經歷為其奠定了堅實的基礎。從最初的搬運工，到區域經埋，再到總經理，十年的歷練，讓章燎原對堅果行業有了深入、全面的瞭解。章燎原雖然網路行銷手法高明，但是他從來都沒有忽視線下的經營和管理。所以，正如有個培訓界朋友所說：不要脫離傳統產業去空談互聯網，也忌諱外行指導內行。互聯網是一個載體，也是一種能源，企業只有根據自身的實際情況取長補短、相互融合才能走得更遠，飛得更高！

互聯網＋餐飲：
網路餐飲行銷平台「餓了麼」

> 中國餐飲服務行業的分散度很高，網上訂餐如果能夠利用電子
> 商務平台的優勢，整合資源，就能夠像當年的阿里巴巴整合眾多小
> 商戶那樣，締造一個全新的網路餐飲行銷平台。
>
> ——「餓了麼」首席戰略官與聯合創始人　康嘉

很少有餐館能夠做自己的外賣訂餐網站，即便是有，也是肯德基、麥當勞、摩斯漢堡、必勝客之類有實力的洋速食連鎖品牌。但現在，情況不一樣了，不管你身在何處，只要你的手機裡有「餓了麼」APP，並點擊它就能選擇一家合口味的餐館，約定送餐時間並且完成付款，然後就是靜待美食送達了。

「餓了麼」既沒有中央廚房，也沒有自己的餐廳，但是其所屬公司上海拉扎斯信息科技有限公司卻在成立的五年時間內，在「餓了麼」的O2O訂餐網站上集結了近五萬家大小餐飲店，服務範圍輻射上海、北京、廣州、杭州等二十多個城市。

作為中國最大的餐飲O2O平台之一，「餓了麼」創立於2009年4月，起源於上海交通大學閔行校區。「餓了麼」這個品牌，極具個性，可以說讓人過目不忘，當你想要吃飯訂餐時就很容易想起。接下來讓我們看一下「餓了麼」的發展歷程。

- 2009年4月，「餓了麼」網站正式上線。
- 2009年10月，「餓了麼」日均訂單突破1000單。

- 2011 年 5 月，「餓了麼」年交易額突破 2000 萬元。
- 2013 年 11 月，「餓了麼」完成 2500 萬美元 C 輪融資，領投方為紅杉資本。其 A 輪投資方為金沙江創投、B 輪投資方經緯創投跟投。
- 2014 年 5 月，「餓了麼」獲大眾點評網 8000 萬美元入股。
- 2014 年 9 月，「餓了麼」公司員工超過 2000 人，線上訂餐服務已覆蓋全國近 200 個城市，用戶量 1000 萬，加盟餐廳近 18 萬家，日均訂單超過 100 萬單。
- 2015 年 1 月，「餓了麼」宣佈完成 3.5 億美元 E 輪融資。
- 2015 年 8 月 28 日，「餓了麼」獲得由中信產業基金、華聯股份領投，華人文化產業基金、歌斐資產等新投資方以及騰訊、京東、紅杉資本等原投資方跟投的融資，創下全球外賣平台單筆融資金額的最高紀錄，此次融資後的估值超過 30 億美元，與美國 GrubHub、德國 Delivery Hero、英國 JustEat 一起，成為全球價值最高的外賣巨頭。
- 2016 年 4 月 13 日，阿里巴巴集團投資 12.5 億美元入股「餓了麼」，再次打破全球外賣平台單筆融資金額最高紀錄。
- 截至 2016 年 8 月，「餓了麼」線上外賣交易平台已覆蓋全國一千多個城市，用戶量超過 7000 萬，加盟餐廳 60 萬家，日交易額突破 1.6 億元，日訂單量突破 500 萬單，平台上 99.5% 的交易額來自行動端。業績持續高速成長的同時，公司員工也超過 15000 人。

與商戶利益綁定

「餓了麼」的訂餐系統實際上是一個線上與線下雙向流通的閉環，在把叫外賣的客戶從線下引到線上之前，首先要讓餐廳願意把服務搬到線上。「餓了麼」CEO 張旭豪認為，吸引餐廳入駐「餓了麼」最簡單直接的辦法，就是讓合作店家們也能夠享受到相關服務。為此，「餓了麼」開發出一套網路餐飲管理系統 NAPOS，客戶在「餓了麼」平台上一下單，餐廳就能立即接收到訂單。

線上訂單管理能夠革除以往傳統電話訂餐的弊病，尤其是在中午和晚上的兩個訂餐高峰時段，上千張訂單都有可能集中在一個小時內湧進，光靠人工接聽電話、下單、結算是非常麻煩且費時的。這種情況下，電話占線、記錄錯誤更是常有的事，耐心有限的客戶一兩次電話撥不進去，就可能再也不會打過來了。

除了提高接收外賣訂單的效率和準確性，餐廳欠缺的資料管理透過系統也能得以彌補。哪些菜式賣得好，哪些菜式不被喜歡，查看後台資料就一目了然，餐廳大廚可以藉以參考，做出改進和優化。甚至哪些是新客戶、哪個區域的客戶點單最多等市場細分問題同樣可以從後台匯總的資料中得出。

絕對保證品質

任何一個 O2O 平台都無法避免的困境是，網站的口碑依賴於廠商的

產品品質和服務能力，尤其是 O2O 訂餐平台，容易因為某一家合作餐廳偶爾失準的食物口味和遲滯的送餐時效而陷入口碑困境。那麼，「餓了麼」又是如何對餐廳進行品質管控的呢？

「餓了麼」除了培訓餐飲店透過計算每次的送餐時間來不斷調整配送範圍，還會提出相關的建議，如超時賠付業務，即餐廳承諾送達時間和折扣，從客戶下單時間開始計算，如果外賣超過了承諾時間才送到，該份外賣按照折扣價收取費用。這是因為「餓了麼」為餐館帶來了穩定的客流，餐館往往也願意主動承擔一些責任。

對於餐廳品質的管理，「餓了麼」則採用 UGC 方式（用戶生成內容：User-generated content，縮寫：UGC），也就是開放使用者點評功能，透過後台累積的資料形成店家的一個綜合評分，能有效幫助消費者用戶進行選擇。

「餓了麼」是一家純正的網路公司，追求極致更是其產品理念。「餓了麼」不但訂餐方便、快捷，且菜式多樣，一目了然。根據調查結果顯示，有 9.9% 的調查者因為選擇食物多樣化而選擇網上訂餐服務；傾向於網路訂餐的便利性和快捷性的有 70.4%；而 7% 的被調查者抱著嘗試新事物的心態選擇網上訂餐，還有 12.7% 的調查者是因為不想出門。這說明「餓了麼」的核心能力就是利用高科技為那些忙碌或不想出門的消費者提供便利性和快捷性的訂餐服務，同時食物的選擇多樣性，可以讓更多的消費者長期在網上訂餐。

數據化地推：精確到人的計算方式

「餓了麼」地推（地面推廣人員）的核心是高度資料化。「餓了麼」在 2012 年年初就完成了內部資料平台，其中自然也包括 POI（資料點）等。POI 資訊基本上是以棟為單位的，有了這些資訊，其實就能估算到

總共有幾棟樓，加上市場經理實地負責，更是準確到一棟樓裡有幾個房間，每個房間裡有多少人。在這種情況下，不僅可以準確地預估出每位市場經理每波推廣到底需要發多少張傳單，同時還能很清晰地顯示每個市場經理的效率高低，每棟樓的有效程度等。然後就可以在例會上由大家一起討論。

「餓了麼」的地推方式絕對是獨一無二的，因為這是只有外賣這個領域才有可能做到的。試想，在其他領域，有哪種消費具有這麼強的地域限定性？又有哪種消費可以做到早晨發傳單中午見效果？還有哪種消費可以不分人群地做出橫向對比？

激發狼性，勤於溝通

「餓了麼」的所屬公司名字聽起來很奇怪，「拉扎斯」，創始人張旭豪說，這是梵文「激情」的音譯。張旭豪是上海人，他有著與臉書網站創始人馬克・祖克伯格一樣的年齡和英文名。在他的團隊中，90 後的年輕人佔據了多數，他們不只一人放棄海外深造或外企工作，但不放棄的就是那份創業激情。

「餓了麼」曾在短短五個月裡，覆蓋城市從二十個逼近二百個，員工人數從兩百人驟增至超過兩千人。公司在短時間內的快速擴張，對管理層來說，除了興奮，帶來的還有壓力。

直接的壓力來自競爭對手，和「餓了麼」一樣，「美團」的地面團隊同樣是一支以高效和執行力強而聞名的隊伍。「狼性」是「餓了麼」這個團隊的文化，創始人張旭豪毫不猶豫，「激發狼性，勤於溝通一直是我們的企業價值觀」。

外賣領域競爭的殘酷程度，絕對不弱於叫車 APP 軟體一輪輪瘋狂的補貼大戰。最初在叫車 APP 軟體的補貼大戰中，司機和乘客都是價格敏

感者，通常會下載市場上所有的叫車 APP，當一輪輪大戰結束後，留下來的叫車 APP 往往是用戶體驗過最好的。外賣領域也同樣如此——這一輪輪的補貼正在改變電話訂餐使用者的習慣，而當越來越多的人習慣手機訂餐以後，誰能做出最好的用戶體驗，誰就是最後的勝出者。

「餓了麼」的張旭豪反覆強調，如今賺錢並不是公司的主要目標，他們更重要的是探索一種商業模式，有可能像淘寶＋天貓模式一樣，向中小餐廳提供系統收取基礎服務費；對於自配送部分的中高端餐飲，可以收取入駐費和廣告來賺取利潤。但這個模式走通的前提是——只有第一名才有生存之路。

互聯網＋農業：
致力於落實食品安全的決不食品

決不食品標誌，作為互聯網＋農業、行動互聯網＋農業的開拓者和實現工具，不僅要讓農產品更酷、更有附加價值、賣得更好，更要通過支持消費者直接監督來實現最關鍵的食品安全！

——決不食品安全工程發起人　王義昌

「決不食品」的品牌含義是捍衛食品安全，決不地溝油，決不基因改造，決不非法添加，決不假冒偽劣，決不有毒有害，決不昧良心。作為註冊商標，「決不」品牌所覆蓋的範圍，不僅是電腦及其周邊產品，也不僅是糧食、蔬菜、水果、肉禽蛋奶、超市、餐廳、飯店等食品安全相關領域，甚至包括藥品、化妝品、榨油機、空氣淨化器、水淨化器、餐具、廚房器具等產品。

「決不」的發起人王義昌所致力要實現的，是「不檢測不認證，通過決不標誌、標準和行動互聯網食品安全監管平台，實現食品安全。」

「決不」品牌給人印象最突出的創新點，不僅是其名字中顯示的鏗鏘有力、徹底否定的態度、風格和霸氣，也不僅是其內涵中對精神底線的堅守，更是其對從農田到餐桌、從超市到餐廳整個互聯網農業、互聯網食品安全產業鏈的靜悄悄地佈局和整合。

湖北鐘祥的一名農民，最近作為「互聯網＋農業」的一個典型而受到矚目。因為他不僅是湖北省生態農業種養模式的一個典型，而且早在 2014 年 11 月就開始嘗試搞「互聯網＋農業」，更是一步到位直接探索

了「行動互聯網+農業」。

這個農民名叫李明華，初中畢業的他帶領農民合作社搞出了「上種水稻、下養老鱉」的香稻嘉魚種養模式，成為當地的示範。那麼，李明華是怎樣實現「互聯網+」的呢？他沒有自建系統開發團隊，沒有自己購買伺服器，沒有自己建立 APP 用戶端，也沒有自己購買網路頻寬等，而是採用了與外部行動網路平台資源進行合作的「借力」方式，那就是貼上決不食品聯盟免費提供的決不食品標誌，香稻嘉魚大米的互聯網+農業就自動實現了。決不食品標誌內含有 QR 碼，手機一掃，人們就會進入香稻嘉魚大米的網站頁面，頁面上有食品安全公開承諾影片、「決不」大米透明生產過程、開放參觀及互動方式、專業認證、保險賠償等資訊。

李明華的公開承諾內容如下：「我們是湖北省鐘祥市聯發水產養殖專業合作社，我是合作社理事長李明華，我們向廣大消費者莊嚴承諾：我們的香稻嘉魚牌大米，決不使用農藥、化肥、除草劑，加工大米的過程中，決不使用地溝油、工業石蠟等拋光打蠟，決不非法添加！決不假冒偽劣！決不有毒有害！決不昧良心！而且，我們的決不大米也已經嚴格落實了決不食品安全標準，實現了公開承諾，透明生產，開放互動，專業認證，保險賠償，有獎監督。

如有違反，我們甘願接受『決不』食品安全聯盟的嚴厲處罰。敬請廣大消費者監督我們，支持我們，最大限度地多多購買我們的決不大米！謝謝大家！」

公開承諾既是李明華作為一個農民的真誠展示，也是決不食品為用戶提供的很好體驗。

時至今日，雖然互聯網、行動網路迅猛地發展，但不得不說，在有些人心目中，這還是有點高不可攀，尤其是對於種田的普通農民而言，

「互聯網＋農業」、「行動互聯網＋農業」，別說實現，聽起來彷彿都與他們距離遙遠，但是李明華卻實現了，他借的力就是「決不食品」！

決不食品安全聯盟發起人之一王義昌曾在美國考察食品安全將近一年後，他發現，美國超市中很多食品包裝上都有非基因改造食品的標識，但些標識類似於中國的有機食品標識，都非常傳統，看不出和網路應用有什麼關聯或特徵。於是他確定「決不食品」不僅是中國，也是世界上第一個以行動網路為基礎非基因改造食品標識，這讓王義昌的信心和勇氣倍增：「我們推出的決不食品標識，上面是決不食品的 Logo，中間是決不食品安全工程的網址 www.juebu.org，以下是一個 QR 碼，使用者一掃描 QR 碼，就會進入食品本身以及食品生產者的專屬資訊頁面。整個標識非常簡單。」

用智慧手機掃描「決不食品」的 QR 碼，關注「決不食品」之後，用戶可以對自己的位置定位，「決不食品」就會為你推薦你所處位置附近的食品、餐廳、商家等。使用者進入感興趣的頁面後，與香稻嘉魚大米一樣，可以瞭解更多的資訊。如下圖所示。

　　這一切操作起來看似很簡單，可是簡單的背後卻需要複雜的系統支撐。

　　「決不食品」標識背後有五個支撐系統：「品牌系統、標準系統、平台系統、聯盟系統、行動網路系統」。而就「決不食品」安全標準來說，其核心要求有六個：「公開承諾、透明生產、開放互動、專業認證、保險賠償、有獎監督。」而要想使用「決不食品」標識，這六個標準就必須達到，少了一個都不行。

以透明生產為例，如果一個養豬場的豬要使用「決不食品」標識，這個養豬場就必須將豬的品種資訊、飼料資訊、飼養資訊等消費者關心的與食品安全相關的資訊全部公開。另外，養豬場主人還要在放養場地至少安裝一個支援行動網路的網路攝影機，以便讓外地的消費者只要掃描一下相應 QR 碼，就能用手機看到豬每天放養的即時畫面。

「決不食品」現在只聚焦於四件事情：做品牌，做標準，做平台，做聯盟。而且它不僅要打造「決不食品」超市，還要打造遍佈全國的決不餐廳、決不農場以及符合決不標準的肉禽蛋奶等整個生態系統。

從廣度和深度看，「決不食品」標識已經遠遠不只是單純的非基因改造食品標識，更是對食品安全有著高標準要求的綜合性安全食品標識。

為最大限度降低食品安全風險，最大限度減輕消費者對食品安全風險的顧慮，使用這個標識的食品不僅需要公開承諾決不是基改產品，也必須公開承諾決不地溝油、決不非法添加、決不假冒偽劣、決不有毒有害，甚至還必須公開承諾「決不昧良心！」而且，「決不食品」要求的這些公開承諾，還要有透明生產、開放互動、專業鑑證、保險賠償、有

獎監督等，那麼，商家或者農戶是否都敢這樣做？看似嚴苛的要求會不會使他們不敢加入決不食品安全聯盟？

發起人王義昌認為：「從農田到餐桌，現在存在的很多食品安全問題依然令人觸目驚心，我們消費者、我們全社會必須對食品安全、對食品生產者要求狠一些，再嚴一些。不狠怎麼能確保安全？剛開始敢於按照決不食品安全標準做的，可能會很少，但我們相信只要一出現，全國的消費者一定會讓他掙到足夠多的錢，一定會給他最多的鼓勵。而且星星之火，可以燎原，通過以點帶面的方式，我們中國的食品安全水準一定能達到一個嶄新的高度。」

「互聯網＋」時代來臨，農業看起來彷彿離互聯網最遠，但作為最傳統的產業，「互聯網＋農業」的潛力是巨大的。正因為如此，曾經的煙草大王褚時健栽種「褚橙」；聯想集團董事柳傳志培育「柳桃」；網易CEO 丁磊飼養「丁家豬」等。此外，也有專注於農產品領域的新興電商品牌獲得了巨大成功，如果樂匯等，就是在農產品大品類中細化出個人品牌，從而提升其價值。

互聯網＋生活服務：
河狸家，手藝人上門服務平台

O2O 不一定是人走向服務，還可以把店面拆了。

——阿芙精油、河狸家美甲的創始人　孟醒

提起「河狸家」，這個在 2014 年就被人關注的 O2O 專案雖然才運作一年多，但好像已經不再是什麼「新鮮」的案例，可是我依然把它拿出來，作為「互聯網＋生活服務」的典型案例來講。

「雕爺」孟醒可謂中國最善於運用互聯網思維的人之一，其創辦的阿芙精油、雕爺牛腩先後成為不可超越的神話。2014 年雕爺又創辦了「河狸家」，而且僅僅在半年時間內企業就獲得 10 億人民幣的估值。

「河狸家」2014 年 3 月成立，最初的業務是美甲上門服務，經過近一年的發展，目前業務已經延伸到了化妝造型、美睫、手足護理等領域，是國內規模最大的美容業 O2O 平台。

從 2014 年上線到 2015 年 2 月，在短短不到一年的時間裡，河狸家已完成了三輪融資，如此快速的擴張規模和河狸家美業平台的定位有關。例如，2015 年 5 月 25 日，河狸家宣佈，將進行成立至今投入最大的一次用戶補貼計畫—— 1 億元，目的在於迅速擴大規模。

以解放手藝人為目標

「易訂貨」的 CEO 馮頡 2015 年接到了一個特殊客戶的訂單，那就是「河狸家」營運經理對比了 10 多家 B2B 訂貨軟體後，選擇了易訂貨 APP，讓「河狸家」平台上將近 3000 個手藝人透過易訂貨完成各種美甲材料的線上採購，而河狸家的未來願景是要解放 100 萬手藝人。

作為一種新型的 O2O 服務連鎖行業，「河狸家」做的事情很像滴滴打車。滴滴打車是透過整合計程車和私家車把司機和有需求的乘客聚合起來，河狸家則是把大城市的優質手藝人和愛美的姑娘們聚集在一起，

所以這個行動網路平台完全取代了實體店。

2014 年，河狸家在初創時期曾花近兩個月時間找到了 100 名美甲師。這個過程很難，河狸家到處跑線下的美甲店找美甲師，透過各種方法接近他們，把河狸家平台介紹給他們，邀請他們加入；每天在趕集、58 同城上搜尋簡歷，想方設法將他們引入平台。有了這 100 名美甲師，大家又在自己的朋友圈口耳相傳，之後就簡單得多了：河狸家拓展深圳的美甲師時，100 個美甲師的加入只花了一個多星期的時間。

河狸家並不向這些加入的手藝人收取任何費用，但手藝人上了河狸家的平台，就從打工者變成了一個創業者。事實也是如此，像任何一個 O2O 分享經濟平台那樣，河狸家平台上的手藝人收入也發生了極大的變化。之前美甲師的收入都是店家發工資，一個月也就幾千人民幣，現在河狸家平台上的大部分手藝人收入都能達到一萬人民幣以上。在河狸家平台收入最高的一位美甲師單月最高進帳 7.2 萬人民幣，客單價在 1100 元（人民幣）左右。

 ## 獨特的營運模式

河狸家的切入口是非常準確的。創始人孟醒想在服務業做 O2O 時，根據其「做中產階級生意」的秉性，先排除了大熱門的家政領域，因為男人是「性價比動物」，所以他選擇了感性的女性做生意。因為消費頻率的原因，他又刪除了給新娘跟妝這個項目。當然，美甲也只是個過渡，孟醒很清楚自己的未來要做的是美業平台。現在，河狸家 100 萬註冊用戶大多為 25 ～ 45 歲的女性，有一定經濟收入，有一定審美品味，對打扮自己有一定追求。目前，河狸家的手藝人分佈在北京、上海、深圳、廣州、杭州、成都六個城市，河狸家暫時不考慮進軍二、三線城市。

行動網路的迅速發展，讓到宅服務，也成為互聯網創業的新趨勢。

2015 年，河狸家推出了化妝造型業務，而其簽約的上門化妝造型師，主要由明星御用化妝師和從業多年的資深化妝師組成。在孟醒看來，大家都不會專注於某一個垂直行業，在做好切入點後都會平台化。

平台化、去組織化、提高生產效率，這是網路公司最顯著的特點。用傳統思維做服務業，是把散兵游勇改成正規軍，而河狸家的做法是線下無門店，這無形中就改變了人們的行為習慣。沒有了店面，房租、管理等成本節省了下來，省下來的利潤河狸家暫時把其分給了消費者、美甲師，如此一來，美甲師更加重視河狸家的平台地位，願意接受其規則，提高服務品質。

那麼，河狸家是怎麼盈利的呢？答案是典型的互聯網思維：羊毛出在豬身上。作為互聯網思維最早一批「信徒」，孟醒認為互聯網思維的內核是「羊毛出在豬身上，把狗餓死了」。他舉例說，就像微信用戶都可以免費使用微信，但有一部分用戶會在微信上玩遊戲，花了很多錢，成為了微信的利潤來源，這是「羊毛出在豬身上」，但與此同時，遊戲用戶轉移到微信平台之後，任天堂卻虧損了，這就是「餓死狗」。

但河狸家還沒有找到那只「豬」，因此還不知道盈利模式是什麼，但這並不影響河狸家的不斷擴張。在孟醒看來，商業模式沒想透並沒有什麼問題，一下子就能把商業模式想透的話，這只能是個小生意，在行動經濟時代，大家都是一邊做一邊慢慢才發現盈利的方式。

用戶體驗比用戶數量更重要

談到體驗，孟醒表示，首先就是要弄清楚用戶是誰。他說他在思考行業的時候，第一件事就是先對他的目標客戶進行白描，也就是做人物畫像，描述顧客性別、年齡、收入、教育水準以及相關消費等。

其次，孟醒認為硬體即軟體。要想體驗好，就需要先在硬體上下功

夫，如此，才能把軟體服務好。雕爺牛腩在吃麵的碗上就花了不少心思：在 8：20 分位置開一個手槽，在 1：15 分還開一個溝槽，可以卡住筷子和勺子不會動。所以雕爺牛腩在碗上下了很多心思，這些其實都是為了做好的用戶體驗。因為，在網路時代，客戶的評價和口碑才是最重要的。

　　為提高用戶體驗，河狸家對聚攏到的美甲師要進行手藝提升。

　　第一，入門初期篩選。河狸家會對美甲師進行初步篩選，這個淘汰率甚至能達到 60%，這一關篩的是業務技能、溝通技巧、禮儀素質。

　　第二，對這些手藝人進行再培訓。儘管入駐平台的美甲師經驗已經很豐富了，但河狸家還是會不定期地從國外請專業美甲師為手藝人進行培訓，也會送美甲師去國外受訓。另外，因為 O2O 服務中體驗的重要性，禮儀和溝通方面的培訓也必不可少。

　　第三，建立處罰機制。手藝人若有違規，河狸家會採取處罰措施。「雖然我對你強勢，但是我能讓你賺得更多」，這是河狸家的理念之一，也同樣適於所有分享經濟行業。

　　另外，河狸家美甲師的定價是基於他之前無數客人給出的回饋，所以河狸家的服務態度都挺好，每位手藝人都知道不能欺騙顧客，如果服務沒做好，差評就會在那兒等著。

　　提升使用者體驗，光靠美甲師的服務態度與素質還不夠，所使用的產品也要好。對此，就有人說河狸家做的事比滴滴打車更難，因為滴滴打車是標品服務，任何乘客對接任何司機，得到的服務都不會相差太多。而河狸家至少需要多做兩步：首先它要找到足夠多而且足夠優質的手藝人；其次，代表了河狸家的手藝人在服務過程中不能使用品質參差不齊

的原料，河狸家需要為其提供快捷的採購平台。

於是，河狸家在網上找了很久，終於在百度上搜到了易訂貨。雖然河狸家自己也有一套進銷存系統，但仍然無法滿足手藝人的需求。在這之前的模式是手藝人口述自己的訂單，河狸家由專職人員將訂單輸入系統，每天周而復始。每天訂單入庫要花費太多精力，而手藝人時間寶貴，河狸家則更不願意浪費效率。要拯救每個手藝人，必須先解決每天疲於輸入訂單的困境，然後是讓手藝人直接透過手機下單。

「互聯網＋生活服務」將會帶動生活服務 O2O 的大市場，網路化的融合就是去仲介化，讓供給直接對接消費者需求，並用行動網路進行即時連結。例如，裝潢公司、理髮店、美甲店、洗車店、家政公司、洗衣店等，都是直接面對消費者。在這方面，河狸家已經走在了前面，不僅節省了固定員工成本，還節省了傳統服務業最為頭疼的店面成本，真正地將服務產業帶入了高效輸出與轉化的 O2O 服務市場，再加上線上評價機制、評分機制，會讓參與的這些手藝人更努力將自己的服務做到精益求精。

你知道英國每年花費十四億英鎊在洗衣上嗎？英國剛獲得天使融資的新創公司 Lavanda 就是主攻倫敦的洗衣市場。Lavanda 與其他洗衣公司不同的地方在於，它不將衣服送去位於倫敦城郊的洗滌場，而是為衣服媒合經過認證及培訓的「洗衣人」，以社區為單位開展的媒合網路不僅可以降低衣物的運送成本，更重要的是能夠縮短任務完成的時間，給顧客一個更便捷的體驗，而多數為社區主婦的「洗衣人」也成為口碑行銷的活招牌。

推拿上門服務也是生活服務的新趨勢之一，在商業城市裡，坐辦公室的白領商務人士普遍都有頸肩酸痛的困擾，他們期望能享受具有中醫專業的按摩推拿服務，但是尋找適合的按摩師或推拿師及便利的地點就

令人大傷腦筋；而對於擁有手藝的技師們而言，在醫院、會所上班不是受體制所限制，就是被酬勞剝削，跳出體制外除了自行開業一途，就剩下了加入線上平台這個選項。只是線上平台不僅扮演媒合的角色，還像 Airbnb 一樣注重品牌及體驗，除了對技師進行認證，也規定上門的技師必須攜帶公司所配的背包，上面有十分顯眼的平台 Logo，並裝著注重衛生的手套、鞋套、按摩墊等用品，盡可能地創造讓用戶難以忘懷的體驗。

當下 O2O 成為投資熱點，事實上，這個市場才剛剛開始，所以大量的規模使用者對於傳統垂直領域的改造、形成固定的黏性、打造平台都還有很大的探索空間。

學習領航家── 新絲路視頻
一饗知識盛宴，偷學大師真本事

　　兩千年前，漢代中國到西方的交通大道──絲路，加速了東西方文化與經貿的交流；兩千年後，新絲路視頻 提供全球華人跨時間、跨地域的知識服務平台，讓想上進、想擴充新知的你在短短的 40 分鐘時間看到最優質、充滿知性與理性的內容（知識膠囊）。

　　活在資訊爆炸的 21 世紀，你要如何分辨看到的是資訊還是垃圾謠言？
成功者又是如何在有限的時間內從龐雜的資訊中獲取最有用的知識？

　　想要做個聰明的閱聽人，你必需懂得善用新媒體，不斷地學習。新絲路視頻 提供閱聽者一個更有效的吸收知識方式，快速習得大師的智慧精華，讓你殺時間時也可以很知性。

師法大師的思維，長智慧、不費力！

　　新絲路視頻 節目～1重磅邀請台灣最有學識的出版之神──王擎天博士主講，有料會寫又能說的王博士憑著紮實學識，被朋友喻為台版「羅輯思維」，他不僅是天資聰穎的開創者，同時也是勤學不倦，孜孜矻矻的實踐者，再忙碌，每天必定撥出時間來學習進修，可說是真正的飽讀詩書，學富五車，家中藏書高達二十五萬冊，並在歷史、教育、科學、商管、成功學等範疇都有鉅著問世。在新絲路視頻中，王博士將為您深入淺出地探討古今中外歷史、社會及財經商業等議題，內容包羅萬象，且有別於傳統主流的思考觀點，從多種角度有系統地解讀每個議題，不只長智識，更讓你的知識升級，不再人云亦云。

　　每一期的 新絲路視頻～1 王擎天主講節目於每個月的第一個星期五在 YouTube 及台灣的視頻網站、台灣各大部落格跟大陸所有視頻網站、網路電台、王擎天 fb、王道增智會 fb 同時同步發布。

COUPON 優惠券免費大方送！

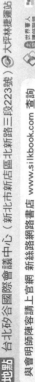

COUPON優惠券免費大方送！